SONNENMIKROSKOPE
WINKELMESSER
DREHAPPARATE

Für Prof. Dr. rer. nat. habil. Günter Hoppe

Ferdinand Damaschun

SONNENMIKROSKOPE WINKELMESSER DREHAPPARATE

Historische Instrumente aus dem Museum für Naturkunde Berlin

Fotografien von Hwa Ja Götz

REIMER

MUSEUM FÜR NATURKUNDE
BERLIN

Impressum

Sonnenmikroskope · Winkelmesser · Drehapparate
Historische Instrumente aus dem Museum für Naturkunde Berlin

Umschlag/vorne: Zählmikroskop nach Hensen (Beschreibung im Buch); Hintergrund: Tafel aus den Veröffentlichungen der Valdivia-Expedition 1898/99
Umschlag/hinten: Reflexionsgoniometer vom Wollaston-Typ mit Degenschem Spiegel (Beschreibung im Buch); Hintergrund: Mineral-Etikett mit einer Kristallzeichnung von Martin Websky, ca. 1880
Lektorat: Ulrich Moritz
Gestaltung, Satz, Reinzeichnung: Thomas Schmid-Dankward
Fotografie: Hwa Ja Götz
Bildbearbeitung: Highlevel GmbH, Berlin
Koordination: Anita Hermannstädter
Papier: 135 g/m^2 LuxoArt Samt
Schrift: Trade Gothic Next LT Pro

Bibliografische Informationen der Deutschen Nationalbibliothek

Die Deutsche Nationalbibliothek verzeichnet diese Publikation in der Deutschen Nationalbibliografie; detaillierte bibliografische Daten sind im Internet über http://dnd.d-nb.de abrufbar.

© 2021 by Dietrich Reimer Verlag GmbH · Berlin
http://www.reimer-verlag.de
Herstellung: Westermann Druck Zwickau GmbH

Alle Rechte vorbehalten
Printed in Germany
ISBN 978-3-496-01670-0

Inhalt

Schätze der Wissenschaftsgeschichte

Viele Jahrzehnte standen ausgemusterte wissenschaftliche Instrumente unbeachtet auf Böden und in Schränken des Museums für Naturkunde Berlin. Leider wurden einige zu Dekorationen in heimischen Schrankwänden umfunktioniert oder landeten gar im Altmetallhandel. Seit einigen Jahren werden diese Schätze der Wissenschaftsgeschichte unseres Hauses zentral gesammelt, erfasst und inventarisiert. Als ein neuer Besprechungsraum im Museum eingerichtet wurde, hatte ich die Idee, einen historischen Sammlungsschrank, der als Raumteiler gedacht war, mit einigen historischen Instrumenten zu bestücken. Bei der Vorstellung dieser kleinen wissenschaftshistorischen Präsentation im Jahre 2015 bat mich der Generaldirektor des Museums, Prof. Johannes Vogel, doch die Geschichte dieser Instrumente aufzuschreiben.

Ein halbes Jahr später ging ich in den Ruhestand und glaubte, es würde sich endlich Zeit dafür finden. Anfragen zu Beiträgen in Ausstellungskatalogen, Vorträge im In- und Ausland und nicht zuletzt Alexander von Humboldts 250. Geburtstag, aus dessen Anlass unter anderem ein Buch und eine Ausstellung entstanden, verzögerten die Umsetzung des Vorhabens. Letztlich trug die durch die Covid-19-Pandemie erzwungene Isolation dazu bei, mit dem Projekt entscheidend voranzukommen.

Ich danke vor allem Frau Julia Hansen (geb. Contzen). Sie hat Anfang des Jahrtausends im Rahmen ihres Museumskundestudiums an der damaligen Fachhochschule für Technik und Wirtschaft (FHTW) in Berlin begonnen, den Bestand an historischen Instrumenten zu erfassen und zu inventarisieren. Neben einer gut nutzbaren Datenbank hat sie eine große Zahl von Sonderdrucken, Firmenkatalogen und Antworten auf Anfragen an Museen und bei Sammlern zusammengetragen. Sie halfen dabei, die Entstehungs- und Nutzungsgeschichte für viele Geräte nachzuvollziehen.

Die großzügigen Regelungen des Museums erlaubten mir als ehrenamtlichem Mitarbeiter, alle Möglichkeiten der Infrastruktur des Museums zu nutzen. Die Mitarbeiterinnen der Historischen Arbeitsstelle des Museums haben mich stets dabei unterstützt — dafür danke ich.

Ich danke Herrn Prof. Johannes Vogel, PhD, für die Anregung zu diesem Buch, Herrn Stephan Junker und der Leitung des Museums für die großzügige Finanzierung der Drucklegung. ∎

Vom Sonnenmikroskop zum Computer-tomographen — Instrumente in der wissenschaftlichen Arbeit am Museum für Naturkunde

Gustav Tornier. Das Foto zeigt den Zoologen in der »Traditionsecke« der Gesellschaft Naturforschender Freunde zu Berlin im Museum für Naturkunde, wohl 1923. Tornier leitete ab 1895 die herpetologischen Samm-lung (Amphibien und Reptilien) des Museums. 1902 wurde er Professor für Zoologie an der Berliner Universität. Auf dem Tisch stehen zwei Mikroskope aus dem Besitz der Gesell-schaft Naturforschende Freunde zu Berlin; das größere (links) ist verschollen, bei dem kleineren handelt es sich um das im Buch beschriebene Sonnenmikroskop von Johann Gottlieb Stegmann aus dem 18. Jahrhundert.

Seit ihrer Gründung 1810 war die Berliner Universität der zentrale Ort für wissenschaftliche Forschung und Lehre in Berlin; naturhistorische Sammlungen waren integraler Bestandteil der Universität. Die auch heute noch gültige Auffassung, dass die Sammlungen in erster Linie Forschungsinfrastrukturen und damit Bildungs- und Forschungszielen untergeordnet sind, be-stimmte von Anfang an den Zweck dieser Integration. Großzügige Förderung in den Anfangsjahren ließen sie schnell zu den bedeutendsten Sammlungen in Deutschland werden. Dementsprechend wurden sie zum Anziehungspunkt und zur Wirkungsstätte für viele der wichtigsten Zoologen und Geowissenschaftler[2] der Zeit. Heute sind die naturwissenschaftlichen Sammlungen der Universität unter dem Namen Museum für Naturkunde — Leibniz-Institut für Evolutions- und Biodiversi-tätsforschung ein integriertes Forschungsmuseum der Leibniz-Gemeinschaft. Es gehört zu den weltweit bedeutendsten Forschungseinrichtungen auf dem Gebiet der biologischen und geowis-senschaftlichen Evolution und Biodiversität.[1]

Doch bereits vor der Gründung der Universität existierten in Berlin Wissenschaftseinrichtun-gen zur Ausbildung von Ärzten, Tierärzten und Bergbaubeamten. Diese Einrichtungen waren eben-so wie die 1700 gegründete zunächst Kurfürstlich Brandenburgische, später Königlich Preußische Sozietät der Wissenschaften und die im Schloss befindliche Kunstkammer mit Sammlungen verknüpft, die den Grundstock für die naturhistorischen Sammlungen der Berliner Universität bildeten. Neben institutionellen existierten in Berlin umfangreiche private Sammlungen mit natur-historischen Objekten. Hervorzuheben ist die Mineraliensammlung von Martin Heinrich Klaproth und die Fischsammlung von Marcus Élieser Bloch. Der Apotheker und spätere erste Professor für Chemie an der Berliner Universität Klaproth entdeckte unter anderem das Uran und der jüdische Arzt Bloch war einer der führenden Vertreter der Ichthyologie im 18. Jahrhundert. Beide Samm-lungen befinden sich heute im Museum.

Zum Treff- und Austauschort für naturwissenschaftlich Forschende und Interessierte wurde die am 9. Juli 1773 gegründete Gesellschaft Naturforschender Freunde zu Berlin. Die meisten von ihnen besaßen umfangreiche Sammlungen, so von Hölzern, Mineralien, Fischen, Vögeln, Verstei-nerungen sowie Mollusken, und reichhaltige Privatbibliotheken. Einige waren hoch angesehene Spezialisten. Auf ihren Treffen berichteten sie über neueste wissenschaftliche Ergebnisse und führten Objekte aus ihren Sammlungen vor. Wie die Sitzungsprotokolle der Gesellschaft zeigen, nutzten sie dazu eine Reihe von Instrumenten wie z. B. verschiedene Typen von Mikroskopen und Sonnenmikroskope zur Projektion für ein großes Publikum. Mit der Abgabe der Sammlungen der Gesellschaft an die Universität wurden auch deren Instrumente übergeben. Zu Ihnen gehören die im Buch beschriebenen Sonnenmikroskope und das Hofmansche Mikroskop.

1 Der geschichtliche Abriss folgt im Wesent-lichen folgenden Veröffentlichungen: Damaschun et al 2000 und Damaschun & Landsberg 2010. Zu den einzelnen Instru-menten siehe die Artikel in diesem Buch.

2 Die ersten Wissenschaftlerinnen traten erst nach dem Zweiten Weltkrieg ins Museum ein.

Christian Gottfried Ehrenberg, Heliogravüre nach einem Gemälde von Eduard Radke aus dem Jahre 1857. Der Zoologe, Mikrobiologe und Ökologe Ehrenberg öffnete mit seinen mikroskopischen Untersuchungen ab Ende der 20er Jahre des 18. Jahrhunderts die Welt der mikroskopisch kleinen Lebewesen.

Dieses Porträt gehört zur Gelehrten-Galerie der Ritter des Ordens Pour le Mérite. Auf dem Bild ist das von ihm genutzte Mikroskop von Pistor & Schiek zu sehen. Es wurde um 1832 gebaut.

1810 wurden alle in Berlin vorhandenen naturhistorischen Sammlungen unter dem Dach der Universität vereint und zu einem großen Teil Schritt für Schritt im Hauptgebäude der Universität in der Straße Unter den Linden untergebracht. Im Sommersemester 1814 konnten dann zunächst die Räume des Zoologischen Museums den Studierenden und dem öffentlichen Publikum geöffnet werden. Das Mineralienkabinett wurde im Mai desselben Jahres umbenannt in Mineralogisches Museum der Universität zu Berlin und ebenfalls im Universitätsgebäude unter der Aufsicht von Christian Samuel Weiss im September aufgestellt. Noch bevor das Zoologische Museum seine Arbeit aufnehmen konnte, starb deren erster Direktor Johann Karl Wilhelm Illiger. Illiger arbeitete zunächst entomologisch; in den 90er Jahren des 18. Jahrhunderts beschrieb er sehr detailliert zahlreiche Käferarten (Illiger 1794). Viele von ihnen maßen kaum eine Linie, d. h. sie waren kleiner als zwei Millimeter. Ihre Untersuchung dürfte ohne optische Hilfsmittel kaum möglich gewesen sein. Ein direkt Illiger zuzuordnendes Mikroskop ist nicht nachweisbar.

Neben den Instrumenten der Gesellschaft Naturforschender Freunde zu Berlin ist das älteste exakt datierbare Mikroskop ein einfaches Mikroskop von Christian Friedrich Belthle aus dem Jahre 1854; ein etwas jüngeres zusammengesetztes Mikroskop stammt aus dem Jahre 1859 und wurde in der gleichen Werkstatt gebaut. Aus der Werkstatt von Christian Friedrich Belthle in Wetzlar ging später die Firma Ernst Leitz hervor, bis heute einer der Weltmarktführer im Bau von Mikroskopen. Eine Reihe von sogenannten Trommelmikroskopen aus der Sammlung des Museums stammt wahrscheinlich aus derselben Zeit, sie sind aber leider nicht genau datierbar.

Als das Mineralogische Museum 1814 im Rahmen der Universität seine Tätigkeit aufnahm, umfasste der Begriff Mineralogie auch die heutigen Fächer Geologie und Paläontologie. Zu einer institutionellen Trennung dieser Fächer kam es erst 1889 mit dem Einzug der Sammlungen in das Haus in der Invalidenstraße. Forschungen auf dem Gebiet der Mineralogie im heutigen Sinne wurden aber nicht nur im Mineralogischen Museum, sondern auch an den Lehrstühlen für Chemie der Universität betrieben. Klaproth brachte als erster Professor für Chemie an der Universität eine reichhaltige Erfahrung in der Mineralanalytik mit. Auch seine Nachfolger Eilhard Mitscherlich und Heinrich Rose waren erfolgreiche Analytiker. Sie wurden ebenso wie der Bruder von Heinrich Rose, Gustav Rose, bei dem berühmten Chemiker Jöns Jakob Berzelius in Stockholm ausgebildet. Von dort brachten sie die neusten chemischen Methoden wie die Lötrohrprobierkunde nach Berlin mit. Schon vor seinem Aufenthalt in Stockholm hatte Mitscherlich mit der Unterstützung von Gustav Rose entdeckt, dass chemisch gleich zusammengesetzte Substanzen verschiedene Kristallformen (Polymorphie) und chemisch sehr ähnliche Substanzen die gleiche Kristallform (Isomorphie) bilden können. Dazu nutzte er das 1809 von William Hyde Wollaston erfundene Reflexionsgoniometer und verbesserte es durch Hinzufügen eines Beobachtungsfernrohres. Wie die Arbeiten von Gustav Rose zeigen, beherrschte er sowohl den Umgang mit dem Lötrohr als auch den mit dem

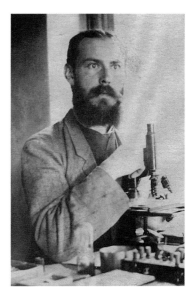

Carl Apstein. Als Teilnehmer an der Valdivia-Expedition 1898/99 befasste sich Apstein mit den Salpen, auch die Untersuchung von Plankton gehörte zu seinem Spezialgebiet. Dafür nutzte er ein spezielles, von Victor Hensen konstruiertes Zählmikroskop. Das Foto zeigt ihn an einem solchen Mikroskop. Das Instrument wird im Buch vorgestellt.

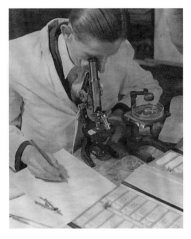

Alfred Keller war Modellbauer im Museum. Er fertigte u. a. ein Regenwurmmodell. Zu den Vorarbeiten gehörte das genaue Studium der Anatomie. Das Foto zeigt, wie Keller dafür ein Mikroskop von Seibert nutzt. Daneben steht ein Präparationsmikroskop. Es gleicht dem im Buch beschriebenen einfachen Mikroskop von Leitz; der ebenfalls im Buch vorgestellte Zeichenspiegel als Zusatz ist hier ebenso abgenommen wie der Beleuchtungsspiegel. Auch die Mappen für die Präparate sind im Buch beschrieben.

Goniometer. Genaue quantitative chemische Analysen führten für ihn sein Bruder Heinrich und dessen Schüler aus.

Unter den Nachfolgern von Gustav Rose (Martin Websky, Carl Klein, Theodor Liebisch und Arrien Johnsen) standen kristallographische und kristallphysikalische Analysen im Mittelpunkt der Forschung. Es begann eine intensive Zusammenarbeit mit Herstellern von kristallographischen Messgeräten. Websky führte bei Goniometern den nach ihm benannten Websky-Spalt ein, und Klein erfand eine Reihe von Mikroskop-Zusatzgeräten zur Messung der optischen Eigenschaften von Kristallen, die vor allem von der Firma von Rudolf Fuess in Berlin-Steglitz gebaut und vertrieben wurden. Erhalten geblieben ist ein kleiner Drehapparat für Edelsteine mit zwei Küvetten als Zusatzgerät für ein Mikroskop. Nicht erhalten sind die von Liebisch erdachten Zusatzeinrichtungen zu Goniometern und Spektrometern, die ebenfalls bei Fuess gebaut wurden. Das erste, 1911 von dem leitenden Mitarbeiter von Fuess, Carl August Leiss, nach einer Idee des portugiesischen Mineralogen Vicente de Souza Brandão entwickelte Theodolith-Mikroskop erwarb Liebisch für sein Institut. Das im Museum erhaltene Instrument nahezu gleicher Bauart stammt ungefähr aus dem Jahre 1925. Die Methode der röntgenographischen Untersuchung von Mineralen hielt mit Arrien Johnsen 1921 Einzug in das Museum. Johnsen war hier besonders an der Pulverdiffratometrie, einer Methode zur Untersuchung von Kristallpulvern, interessiert. Heute ist sie in Form der Röntgenographischen Phasenanalyse eine Standardmethode der Mineralogie. Die Einführung der Polarisationsmikroskopie in die Mineralogie und Petrographie erweiterte das Spektrum der Untersuchungsmöglichkeiten ganz wesentlich. Bereits Rose nutzte die Polarisationsmikroskope zur Untersuchung von Meteoriten; die dazu genutzten Dünnschliffe sind in der Sammlung des Museums erhalten.

Von den Fortschritten der Mikroskoptechnik profitierten auch Zoologen und Paläontologen. Die Vielzahl der erhaltenen, sehr einfachen Präparationsmikroskope spricht dafür, dass diese Geräte vielfach im Museum genutzt wurden. Durch die Entwicklung der Stereomikroskope erreichten auch diese Instrumente eine neue Qualitätsstufe. Das erste für Präparationsarbeiten geeignete Mikroskop dieser Art wurde von dem zu dieser Zeit in Rostock wirkenden Franz Eilhard Schulze erdacht. 1884 gründete er an der Berliner Universität das von dem Zoologischen Museum unabhängige Zoologische Institut. Ein von Ernst Leitz in Wetzlar nach der Idee von Schulze gebautes und unter dem Namen »Binoculare Präparierlupe« vertriebenes Mikroskop ist erhalten geblieben. Später setzte sich allerdings die zuerst von Carl Zeiss Jena und später auch von fast allen Mikroskopherstellern gebauten Stereomikroskope vom Greenough-Typ durch. Stereomikroskope sind bis heute die am häufigsten im Museum verwendeten Instrumente und stehen nahezu auf jedem Arbeitsplatz.

Paul Ramdohr bei der Vorbereitung einer Anschliffuntersuchung. Ramdohr leitete das Mineralogische Institut und Museum der Berliner Universität zwischen 1934 und 1950. Er gilt neben Hans Schneiderhöhn als Vater der Erzmikroskopie. Das Bild zeigt ihn im Alter von etwa 80 Jahren in Heidelberg an einem Auflichtmikroskop mit einer fotografischen Einrichtung. Wahrscheinlich handelt es sich um ein an seine Bedürfnisse angepasstes Metallux ND von Leitz.

Hans-Eckhard Gruner bei Untersuchungen während der Kubaexpedition des Museums 1967. Gruner nutzt das Standard-Stereomikroskop SM XX von Carl Zeiss Jena.

Ab der Mitte des 19. Jahrhunderts verbesserten sich auch die zusammengesetzten Mikroskope durch immer neue Innovationen. Die Konstruktion farbkorrigierter (achromatischer) Objektive und die Entwicklung der Immersionsmethode – d. h., anstatt Luft wurde Wasser oder Öl zwischen Objekt und Objektiv gebracht – steigerte die Auflösung der Instrumente. Der Sammlung fehlt allerdings ein zusammengesetztes Mikroskop mit solch einer hochwertigen, farbkorrigierten Optik aus der Mitte des 19. Jahrhunderts. Das ist besonders schade, da das Museum die Sammlung von Präparaten und Zeichnungen von Christian Gottfried Ehrenberg zu seinen Schätzen zählt. Ehrenberg war seit 1827 Professor für Medizin an der Universität und begleitete 1829 gemeinsam mit Gustav Rose Alexander von Humboldt auf dessen Russlandreise. Mit seinen mikroskopischen Arbeiten eröffnete er den Blick in die Welt der Infusorien. Er nutzte zunächst ein Mikroskop der Pariser Firma Chevalier, später dann ein Mikroskop der Berliner Firma Pistor und Schiek.[3] In einer Arbeit von 1832 lobt er sie im Vergleich mit anderen Instrumenten zunächst für deren Qualität und sieht sich durch deren Preis-Leistungs-Verhältnis zu folgenden Worten veranlasst: »Endlich ist es durch seine Einfachheit in einem sehr mässigen Preise; mithin nicht bloss unthätigen Reichen, und ängstlichen und beengten Directoren öffentlicher Anstalten, sondern thätigen Naturforschern zugänglich« (Ehrenberg 1832, S. 190). Die ältesten zusammengesetzten Mikroskope in der Sammlung des Museums, die mit gerechneten und nicht mit durch Probieren und Erfahrung gefundenen, also »gepröbelten« Optiken ausgerüstet sind, stammen aus den Jahren 1888 und 1892. Sie wurden von Carl Zeiss in Jena oder Ernst Leitz in Wetzlar gefertigt. Mit diesen Mikroskopen war es möglich, für die Taxonomie wichtige Merkmale genauer und sehr kleine Organismen überhaupt zu untersuchen.

Elke Wäsch am Rastermikroskop. Rasterelektronenmikroskope haben die Darstellung kleinster Strukturen revolutioniert.

Trotz einiger Verbesserungen in der Handhabbarkeit und bei den Optiken sowie der Einführung neuer bildgebender Verfahren bei den Mikroskopen änderte sich bezüglich der Untersuchungsmethodik bis in die 1980er Jahre recht wenig. Erst mit dem Einzug elektronisch gestützter Messmethoden erhielt die Forschung des Museums ab den 90er Jahren einen wesentlichen Innovationsschub.

Ursula Göllner-Scheiding war eine bedeutende Entomologin, die sich in ihrer wissenschaftlichen Tätigkeit hauptsächlich mit Wanzen beschäftigte. Auch sie nutzte für ihre Arbeit ein Stereomikroskop SM XX vom Abbe-Typ.

3 In der Ehrenbergsammlung des Museums Barockschloss Delitzsch werden drei Mikroskope von Ehrenberg aufbewahrt. Alle drei Instrumente wurden dem Museum von Nachfahren Ehrenbergs übergeben. Sein Pistor und Schiek ist allerdings nicht dabei.

Mathias Schannor und Lutz Hecht an der Mikrosonde. Zu den modernsten analytischen Geräten im Museum gehören Mikrosonden. Mit diesen Geräten kann man kleinste Teile chemisch analysieren.

Das Museum betreibt seit vielen Jahren ein Mikroskopierzentrum. Hier können Besucher aller Altersgruppen an modernen Kursmikroskopen in die Welt des Mikrokosmos vordringen.

ABBILDUNG: ▶
Alexander von Humboldt und Aimé Bonpland in der Urwaldhütte, Gemälde von Eduard Ender 1856. (Ausschnitt)
Auf den Tisch voller Manuskripte, gesammelter Pflanzen und Instrumente ist unter anderem das Nürnberger Mikroskop zu sehen. Humboldt hat nicht dieses Instrument, sondern ein sogenanntes Hofmannsches Mikroskop auf der amerikanischen Reise mitgeführt. Beide Instrumente werden im Buch vorgestellt.

4 https://www.museumfuernaturkunde. berlin, aufgerufen am 07.04.2020.

LITERATUR:
Damaschun et al. 2000; Damaschun & Landsberg 2010; Ehrenberg 1832; Illiger 1794

Heute verfügt das Museum über umfangreich ausgestattete Labore, die Forschungen auf höchstem internationalen Niveau ermöglichen. Auf der Internetseite des Museums werden die wichtigsten Labore genauer beschrieben. Im Einzelnen werden u. a. folgende Labore betrieben:[4]

- 3D-Labor
- Bioakustisches Labor
- Geochemischer und mikroanalytischer Laborkomplex
- Hochleistungsrechner
- Integriertes Zoologisches Forschungslabor
- Isotopenlabor
- Molekulargenetisches Labor
- Paläontologische Präparationslabore
- Sammlungspflege-Labore
- Mikro-Computertomographie-Labor

Auf den folgenden Seiten sind vor allem historische Instrumente beschrieben. Sie stellen eine Auswahl aus dem Gesamtbestand dar. Eine exakte zeitliche Grenze, ab der etwas als ›historisch‹ bezeichnet werden kann, kann man nicht ziehen; mal liegt sie in den 20er Jahren, mal aber auch in den 50er oder 60er Jahren des 19. Jahrhunderts.

Das Museum für Naturkunde ist weder ein technisches noch ein wissenschaftshistorisches Museum. Alle vorgestellten und beschriebenen Geräte dienten der wissenschaftlichen Untersuchung biologischer, geologischer und mineralogischer Objekte und stammen aus dem Besitz des Museums. Die Instrumente zeigen Spuren ihres Gebrauchs und sind absichtlich nicht restauriert. Den Wert und die Gültigkeit wissenschaftlicher Ergebnisse kann man immer nur beurteilen, wenn man die Methode, mit der sie gewonnen wurden, in das Urteil mit einbezieht. Dafür ist die Kenntnis der Untersuchungsinstrumente und deren Möglichkeiten unabdingbar. Insofern ist die Zusammenstellung in diesem Buch mehr als nur die Vorstellung ›schöner, alter Messinggeräte‹. ■

Handwerkszeug der Wissenschaft — das Mikroskop

Mikroskope sind zweifellos die am häufigsten benutzten Instrumente zur Untersuchung naturhistorischer Sammlungsobjekte. Viele Bestimmungen, Untersuchungen von Details und das Erkennen von Strukturen sind ohne optische Hilfsmittel nicht möglich. Es existieren sogar Organismengruppen oder Bestandteile von geowissenschaftlichen Objekten, die so klein sind, dass sie nur im Mikroskop sichtbar gemacht werden können.

Bereits im Altertum nutzte man mit Wasser gefüllte gläserne Schalen, um damit Gegenstände vergrößert zu betrachten. Im späten 16. und frühen 17. Jahrhundert tauchten die ersten Mikroskope auf. Die älteste überlieferte Abbildung, die mit einem Mikroskop angefertigt wurde, stammt aus dem Jahre 1630 und zeigt Details einer Biene.

Trotz vieler Verbesserungen in den nächsten mehr als 200 Jahren bestand die Herstellung guter Mikroskope aus einer Kunst des Probierens (»Pröbelns«) und folgte nicht Arbeitsanweisungen auf der Grundlage optischer Berechnungen. Viele Werkstätten kopierten einfach erfolgreiche Modelle anderer Werkstätten.

1846 eröffnete Carl Zeiss seine Werkstatt in Jena. Ein wesentlicher Verdienst von Zeiss und seinen Mitstreitern, dem Physiker Ernst Abbe und dem Glasproduzenten Otto Schott, war die konsequente Umsetzung berechneter Optiken. Damit schufen sie die ersten modernen Mikroskope, die auch heute noch durch ihre optische Qualität beeindrucken. Viele Produzenten folgten ihrem Beispiel. Man unterscheidet bei Lichtmikroskopen zwei Bauarten.

Einfache Mikroskope: Sie bestehen nur aus einer Linse oder einem Linsensystem. Lupen — gleichviel, ob sie nur aus einer Linse oder auch aus mehreren Linsen bestehen — sind die heute am häufigsten benutzten einfachen Mikroskope. Sie gehören zur Feldausrüstung jedes in der Natur forschenden Wissenschaftlers.

Zusammengesetzte Mikroskope: Sie bestehen aus zwei optischen Systemen. Mit dem Objektiv wird ein reelles Bild vom Objekt erzeugt. Dieses sogenannte Zwischenbild wird vom Okular ein zweites Mal vergrößert. Die beiden optischen Systeme werden zumeist in einem Tubus untergebracht und können bei den meisten Mikroskopen gewechselt werden. Diese Anordnung prägt das klassische Bild vom Mikroskop. Es gibt zwar auch zusammengesetzte Mikroskope, die bei Feldarbeiten eingesetzt werden, normalerweise sind diese jedoch typische Laborinstrumente.

ABBILDUNG: ▶
Einfache Mikroskope. Illuminierter Kupferstich aus Martin Frobenius Ledermüller, *Nachlese seiner Mikroskopischen Gemüths- und Augen-Ergötzung*, Nürnberg 1762.

In seinem zweibändigen Hauptwerk bildet Ledermüller die unterschiedlichsten Mikroskoptypen ab.

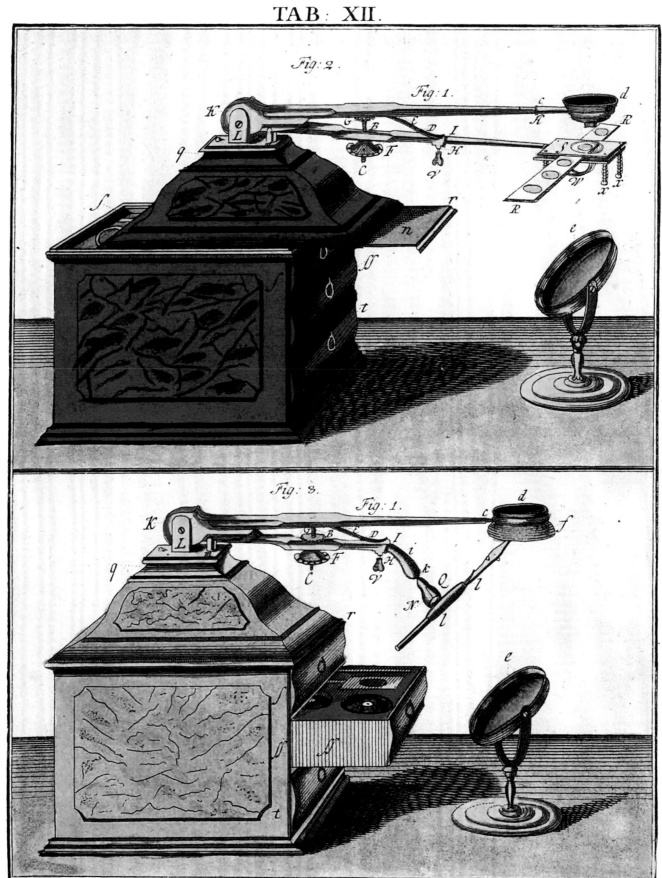

Aus dem klassischen mikroskopischen Verfahren, der Hellfeldmikroskopie, bei der der Kontrast auf farbigen oder dunklen Strukturen im durchleuchteten Präparat beruht, haben sich eine Vielzahl von Methoden wie die Dunkelfeldmikroskopie und die Phasenkontrastmikroskopie zum Hervorrufen von Kontrasten entwickelt. Physikalische Phänomene, die bei der Wechselwirkung des Objekts mit dem Licht entstehen, werden bei der Polarisationsmikroskopie und der Fluoreszenzmikroskopie genutzt.

Moderne Lichtmikroskope sind neben dem Einsatz solcher neuartiger bildgebenden Verfahren durch große Bildfelder, einfache Handhabung und eine elektronische Nachbearbeitung der Bilder gekennzeichnet. Neben den auf bestimmten bildgebenden Verfahren basierenden Mikroskopiertechniken wurden Mikroskope für bestimmte Verwendungszwecke entwickelt, z. B.:

- Für die Präparation von zoologischen, botanischen und anatomischen Objekten wurden spezielle Präparationsmikroskope gebaut.
- Für ein räumliches Betrachten von Objekten entwickelte man Stereomikroskope. Auch sie dienten häufig der Präparation.
- Für die Vorführung von Präparaten vor Publikum setzte man Mikroskope ein, die Projektionen auf Schirme oder an die Wand ermöglichten.
- Für die 1866 im Königreich Preußen eingeführte obligatorische Trichinenschau benötigte man große Mengen einfach gebauter, zusammengesetzter Mikroskope mit nur geringer Vergrößerung. Die optische Industrie erfuhr durch die Produktion dieser Mikroskope einen gewaltigen Aufschwung.

Für die mit der Zeit immer wichtiger werdende Mikroskopie wurden Zusatzgeräte und Vorrichtungen zur einfachen und schnellen Präparation erfunden. ∎

LITERATUR:
Harris 1704; Ledermüller 1762

MIKROSKOPE

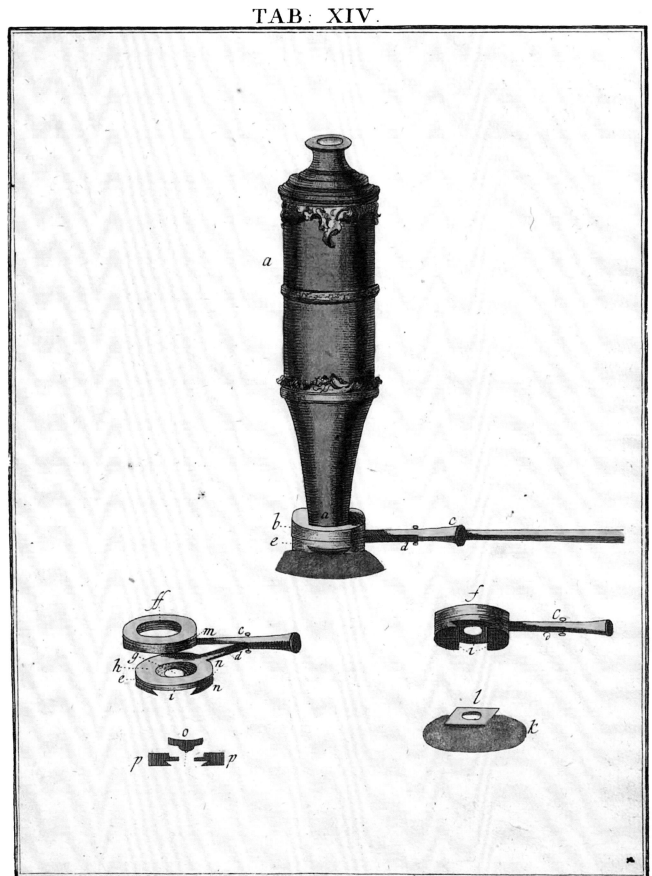

»Den Floh in der Grösse eines Elephanten darstellen« – Sonnenmikroskope

Die Welt des Mikrokosmos fasziniert seit dem 18. Jahrhundert nicht nur Wissenschaftler, sondern zunächst auch das Bildungsbürgertum, später weite Kreise der Bevölkerung. Bis heute ist dieses Interesse ungebrochen. Das normale Mikroskop ist jedoch ein Instrument für die individuelle Betrachtung von Objekten. Eine erste wichtige Entwicklung für das gemeinsame Betrachten war Mitte des 18. Jahrhunderts das Sonnenmikroskop. Vom Prinzip her waren diese Mikroskope Projektoren, die die Sonne als Lichtquelle nutzen – daher der Name. Eine Abbildung von Martin Frobenius Ledermüller aus dem Jahre 1762 zeigt sehr schön das Prinzip dieser Instrumente: Das Mikroskop wird in die Fensterlade eines verdunkelten Raumes eingesetzt (Ledermüller 1762, Tab 1). Mit Hilfe eines Spiegels wird das Sonnenlicht von außerhalb des Raumes durch einen Tubus auf das abzubildende – am besten durchsichtige – Objekt gelenkt. Ein Projektiv wirft dann das Bild entweder an die Wand oder auf einen Schirm. Das Sonnenlicht war notwendig, um die entsprechende Lichtstärke zu erreichen. Um der Bewegung der Sonne folgen zu können, war der Spiegel dreh- und schwenkbar montiert. Das gleiche Prinzip (nur mit einer elektrischen Beleuchtung anstelle des Spiegels und der Sonne) wird bis heute bei Diaprojektoren und letztlich auch bei Beamern genutzt.

Wer das Sonnenmikroskop erfunden hat, ist nicht völlig geklärt. Zu seiner Entwicklung, die wahrscheinlich wie so oft nicht einem Forscher allein zugeschrieben werden kann, hat der Berliner Arzt und Optiker Johann Nathanael Lieberkühn Wesentliches beigetragen (Heering 2013). Viele erhaltene Sonnenmikroskope wurden in England gebaut. Das scheint verständlich, wenn man bedenkt, dass dort die bürgerliche Gesellschaft im 18. Jahrhundert viel weiter entwickelt als im übrigen Europa war und damit auch ein größeres Interesse am wissenschaftlichen Fortschritt bestand.

Samuel Gottlieb Hofmann, von dem das Museum ein nach ihm benanntes zusammengesetztes Mikroskop besitzt, preist 1785 auch ein »Solarmicroscop« an, bei dem das »Regierwerk des Spiegels von Meßing und so bequem eingerichtet [ist], daß dieser Mechanismus noch bey keinen andern anzutreffen ist«. Über die Funktion des Instruments schreibt er: »Die Gegenstände lassen sich in einem verfinsterten Zimmer weit mehr vergrössern als in der pyramidalischen Camera obscura, denn man kann in einem Zimmer, dessen Länge 16 Fuß[1] beträgt, den Floh in der Grösse eines Elephanten darstellen« (Hofmann 1785, S. 374ff). Er verlangte einschließlich 48 Präparate und einer »deutlichen Gebrauchsbeschreibung« 6 Louis d'or.[2] Sonnenmikroskope dienten aber nicht nur zur Vorführung vor einem Publikum, sondern auch zum Abzeichnen von Objekten. ∎

ABBILDUNG: ▶
Sonnenmikroskope. Illuminierter Kupferstich aus Martin Frobenius Ledermüller, *Nachlese seiner Mikroskopischen Gemüths- und Augen-Ergötzung*, Nürnberg 1762.

Diese Abbildung erklärt sehr gut die Funktionsweise von Sonnenmikroskopen

1 ca. 4,5 Meter

2 Zum Wert eines Louisd'or siehe: *Humboldts treuer Begleiter in Amerika – das Hofmannsche Mikroskop*, S. 34

LITERATUR:
Heering 2013; Hofmann 1785; Ledermüller 1762

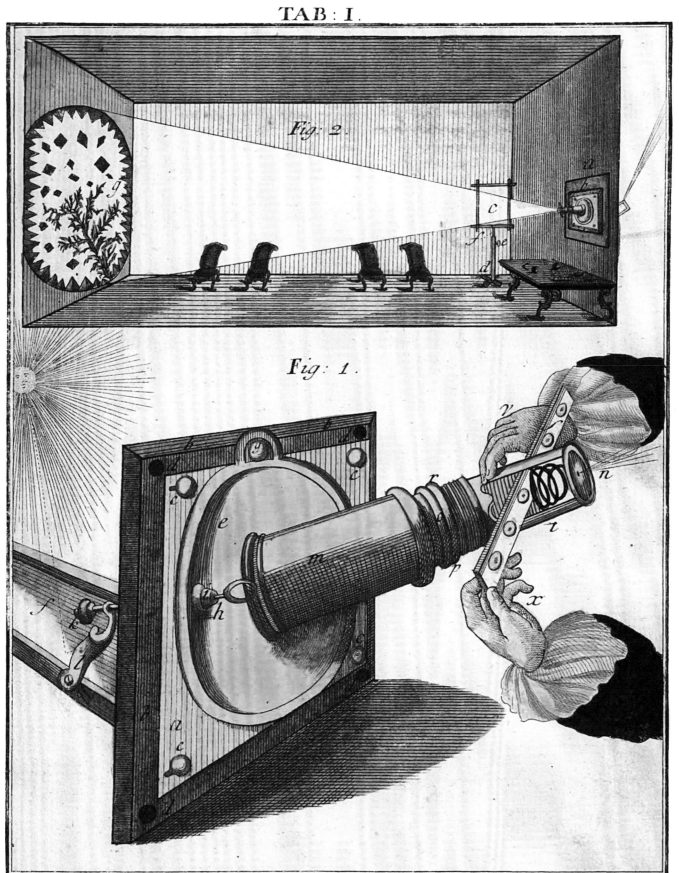

Fig: 2.

Fig: 1.

Sonnenmikroskop, ohne Nummer, Hersteller Johann Gottlieb Stegmann, Kassel, zwischen 1780 und 1786, Inv.-Nr. o/029.

Detail mit der Firmensignatur in Latein.

Sonnenmikroskop, ohne Nummer, Hersteller unbekannt, wahrscheinlich Ende des 18. Jahrhunderts, Inv.-Nr. o/017.

Detail mit dem Verstellmechanismus für den Spiegel.

ABBILDUNG: ▶
Sonnenmikroskope aus der Gesellschaft Naturforschender Freunde zu Berlin,

links: Sonnenmikroskop, ohne Nummer, Hersteller unbekannt, wahrscheinlich Ende des 18. Jahrhunderts, Inv.-Nr. o/017,

rechts: Sonnenmikroskop, ohne Nummer, Hersteller Johann Gottlieb Stegmann, Kassel, zwischen 1780 und 1786, Inv.-Nr. o/029.

1 Erfunden und gemacht

2 Dampfkochtopf

3 Fünf Reichsthaler entsprachen einem Louis d'or; damit lag der Preis des Instruments von Stegmann etwas über dem Preis des Geräts von Hofmann, siehe: *»Den Floh in der Grösse eines Elephanten darstellen« – Sonnenmikroskope*, S. 18.

LITERATUR:
Stegmann 1786

Unterhaltung der Anwesenden mit einigen angenehmen physikalischen Versuchen und Beobachtungen

Das Museum besitzt zwei Sonnenmikroskope. Beide stammen aus dem Besitz der Gesellschaft Naturforschender Freunde zu Berlin. Dort wurden sie zur Vorführung von mikroskopischen Objekten und physikalischen Versuchen genutzt.

Eines von beiden ist verziert und mit einer Gravur signiert: »Inuenit et fecit[1]/ Stegmann Cassellis«. Bei dem Instrument fehlt der Spiegel; der Verstellmechanismus selbst ist vorhanden. Johann Gottlieb Stegmann war von 1754 bis 1786 Professor für Mathematik und Physik am Collegium Carolinum in Kassel. Er verbesserte und erfand physikalische, technische und mathematische Instrumente, unter anderem ein Mikroskop zur Beobachtung von Wasserinsekten, ein Sonnenmikroskop und einen Papianischen Topf[2]. Ein Verzeichnis der von ihm angebotenen Geräte aus dem Jahre 1786 weist 88 (!) Geräte aus (Stegmann 1786). Für ein Sonnenmikroskop verlangte er ja nach Ausstattung 38 bis 50 Reichsthaler[3]. Stegmann führt in dem Preisverzeichnis an, dass er bereits 1780 eine Nachricht über sein Sonnenmikroskop verfasst hat. Da Stegmann 1786 nach Marburg wechselte, kann man annehmen, dass das Instrument zwischen 1780 und 1786 gebaut wurde. Stegmann war Mitglied der Gesellschaft Naturforschender Freunde zu Berlin.

Das zweite Instrument ist unsigniert, hat wahrscheinlich ein ähnliches Alter wie das andere Sonnenmikroskop. Das Instrument ist vollständig; Zubehör ist nicht erhalten geblieben. Da der Tubus in horizontaler Lage genutzt wurde, musste das Präparat festgehalten werden. Dazu dienten die vier zwischen dem Tubus und dem Projektiv angebrachten Spiralfedern. Mit dem Auszug des Tubus konnte die Beleuchtung, mit der des Projektives die Abbildungsschärfe eingestellt werden. ■

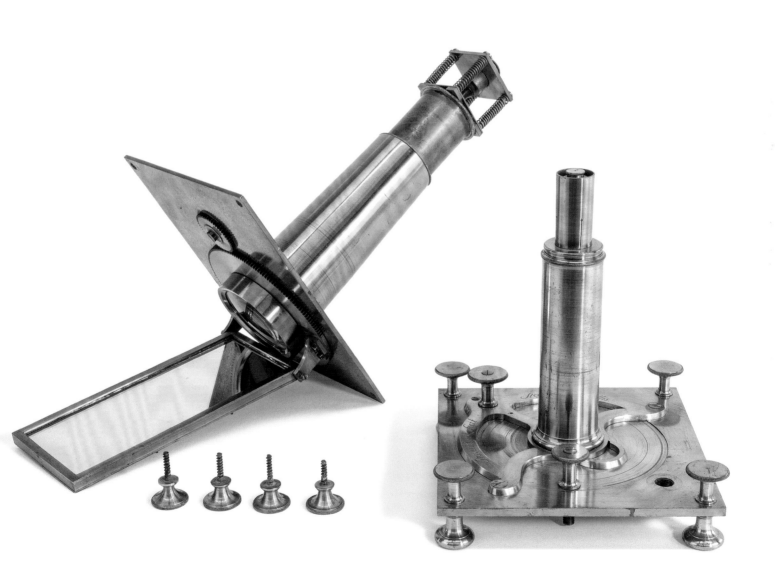

Von der kleinen Glaskugel zum achromatischen Triplett — einfache Mikroskope

Einer der Ersten, der tief in die Welt des Mikrokosmos eindrang, war der niederländische Naturforscher Antoni van Leeuwenhoek. Unter anderem beschrieb er als Erster Spermatozoen von Insekten und Menschen, beobachtete Protozoen und Bakterien und gab eine genaue Beschreibung von roten Blutkörperchen. Das Instrument, das er benutzte, war denkbar primitiv und ist auf den ersten Blick überhaupt nicht als Mikroskop zu erkennen. Es bestand aus einer Silber- oder Messingplatte, in die eine Linse eingelassen war, und einem Mechanismus zur Halterung des Objekts und zur Scharfstellung. Die Instrumente waren verschieden ›klein‹: Es existieren Mikroskope von 3 x 1,7 cm und 4,5 x 2,5 cm. Leeuwenhoek hat seine Mikroskope in großer Zahl hergestellt; allein aus seinem Nachlass wurden 247 vollständige Mikroskope versteigert (Petri 1896, S. 21). Nach heutigem Verständnis sind die meisten seiner Instrumente einlinsige Lupen. Nachrechnungen erbrachten, dass Auflösungen bis zu 1,4 µm möglich waren, was einer Vergrößerung von etwa 260-fach entspricht. Mit zusammengesetzten Mikroskopen erreichte man diese Vergrößerung erst 1837 (!). Um diese Vergrößerung zu erreichen, mussten die Linsen sehr klein sein, sie hatten eine freie Blende von ca. 0,7 mm (Gloede 2013).[1] Leeuwenhoek hat die Herstellungsmethode dieser kleinen Linsen stets geheim gehalten. Man vermutet, dass er Glas zu einem Faden ausgezogen und diesen zu einem kugelförmigen Tropfen geschmolzen hat. Das hatte den Vorteil, dass das Glas blasenfrei wurde und nur wenig Nachbearbeitung notwendig war.

Im Laufe der Zeit wurden die Instrumente mit einer Linse zu solchen mit Linsenkombinationen weiterentwickelt. So gelang es, die Farbfehler zu korrigieren (Achromate), Verzeichnungen zu beseitigen (Orthoskope) und das Bildfeld zu ebnen (Aplanate).

Einfache Mikroskope haben den Vorteil, dass sie leicht sind und einen großen Arbeitsabstand ermöglichen. Das machte sie lange Zeit zu idealen Reisemikroskopen.

Genau genommen ist jede Lupe ein einfaches Mikroskop. Aus zwei (Dublett) oder drei (Triplett) Linsen zusammengesetzte Lupen gehören zur Standardausrüstung von Geo- und Biowissenschaftlern auf Exkursionen. ∎

ABBILDUNG: ▶
Mikroskop von Antoni van Leeuwenhoek, um 1665, Zeichnung von Elke Siebert, Museum für Naturkunde Berlin.

1 Freie Blende bedeutet, dass vom Linsendurchmesser abgezogen werden muss, was für deren Fassung benötigt wird.

LITERATUR:
Gloede 2013; Petri 1896

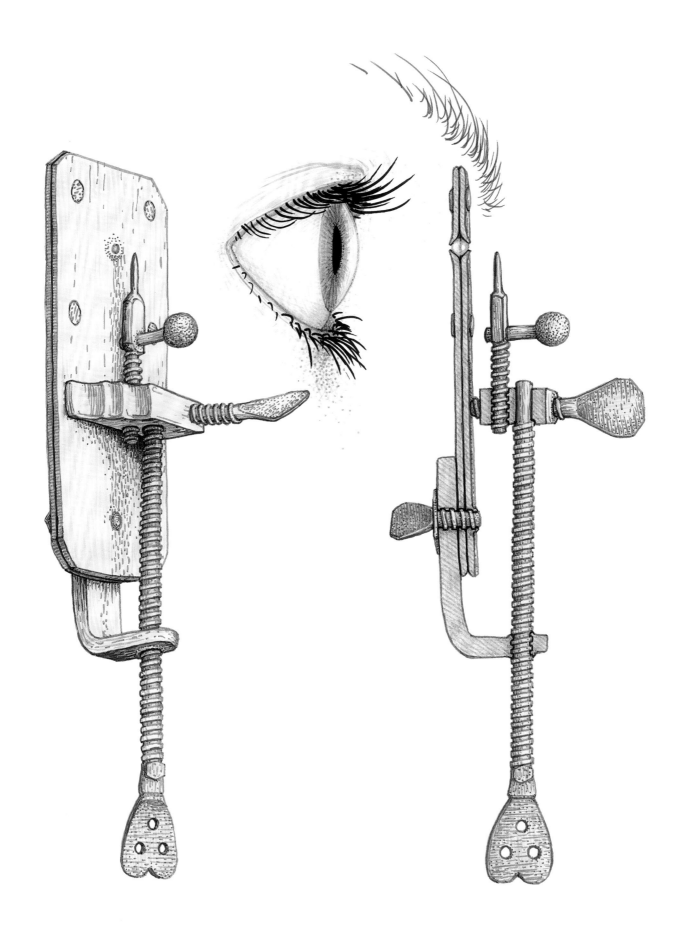

Von Davenport zu den Galapagosinseln – ein Mikroskop à la Darwin

Der Aufbewahrungskasten dient auch als Halterung für das Stativ.

Charles Darwin trat 1831 als Begleiter Robert FitzRoys, Kapitän des Vermessungsschiffs HMS Beagle, eine knapp fünfjährige Reise um die Welt an, die ihm die Grundlagen für seine revolutionäre Evolutionstheorie lieferte.

Als Instrumente führte er unter anderem ein einfaches Reise-Mikroskop mit. Das Mikroskop hatte eine damals weit verbreitete Form. Ein im Museum erhaltenes Instrument hat eine nahezu identische Bauweise. Auf den kleinen Kasten, in dem alle Teile eingeordnet sind, wird das Stativ in eine eingelassene Messinghülse geschraubt. Im Durchlicht können die Objekte mit einem Spiegel beleuchtet werden. Zur Fokussierung lässt sich der Träger mit der Optik bewegen. Es existiert eine Wechseloptik.

Das Mikroskop des Museums ist nicht signiert und datiert. Wahrscheinlich stammt es aus der Zeit zwischen 1830 und 1840. ■

ABBILDUNG: ▶
Einfaches Mikroskop, ohne Nr., Hersteller unbekannt, zwischen 1830 und 1840, Inv.-Nr. o/070.

Auf dem Weg zur Weltfirma – einfache Mikroskope von Belthle und Leitz

Einfaches Mikroskop, Nr. 87, Hersteller Friedrich Belthle, 1854 Inv.-Nr. o/013.

Die Firmenaufschrift weist den Hersteller Friedrich Belthle als Nachfolger von Carl Kellner aus.

Am 13. Mai 1855 verstarb Carl Kellner, der Gründer des Optischen Instituts – einer Werkstatt für optische Instrumente – in Wetzlar und Erfinder des nach ihm benannten Kellner-Okulars im Alter von nur 29 Jahren. Sein Angestellter Christian Friedrich Belthle heiratete am 6. Dezember desselben Jahres Kellers Witwe. Sie übertrug ihm die Leitung der kleinen Firma. Belthle machte Ernst Leitz 1865 zu seinem Teilhaber. 1870, nur wenige Monate nach Belthles Tod, wurde Ernst Leitz alleiniger Inhaber des kleinen Handwerksbetriebes. Leitz baute diesen zu einem der führenden, bis heute existierenden Unternehmen der optischen Industrie aus. Das wohl bekannteste Produkt der Firma ist die 1925 vorgestellte Leitz-Camera. Als 1990 Wild-Leitz und Cambridge Instruments fusionierten, wurde der Name in seiner Doppelbedeutung für die ganze Firmengruppe übernommen: LEICA-Gruppe. Heute ist die LEICA-Gruppe in mehrere selbständige Unternehmen aufgespalten.

Zum Produktionsspektrum der Firma gehörten bis in die 20er Jahre des 20. Jahrhunderts auch einfache und monookulare Präparationsmikroskope.

Das kleinere der abgebildeten Instrumente wurde in der Werkstatt von Belthle gefertigt und mit »C. KELLNER NACHFOLGER FR. BELTHLE IN WETZLAR« signiert. Es trägt die Produktionsnummer 87. Da Leitz die Nummerierung seiner Vorgänger fortführte, kann man das Mikroskop auf das Jahr 1854 datieren. Diese Datierung bezieht sich auf eine von Leitz selbst veröffentlichte Liste.[1] Bei dieser Datierung besteht jedoch ein Widerspruch, da Belthle die Firma erst 1855 übernommen hat. Unstrittig ist, dass das Mikroskop zu den sehr frühen, in dieser Firma hergestellten Geräten gehört und ausgesprochen selten ist. Das Mikroskop ist sehr einfach gebaut: Die Fokussierung erfolgt durch Heben und Senken der prismatischen Optikhalterung durch eine gegen eine Feder arbeitende Schraube; der Arbeitsabstand liegt unter einem Zentimeter; die Vergrößerung ist gering. Die Optik ist auswechselbar.

Das größere Instrument ist nicht signiert. Die Beschriftung auf dem dazugehörigen Aufbewahrungskasten und Vergleiche mit anderen Instrumenten bestätigen, dass das Instrument aus der Werkstatt von Ernst Leitz stammt. Das gleiche Stativ wurde mit sehr unterschiedlichen optischen Komponenten versehen. Wahrscheinlich wurde das Instrument um 1900 gefertigt. Bei späteren Instrumenten ist der Fuß geschwärzt. Dass das Gerät als Präparationsmikroskop genutzt werden konnte, zeigen die beiden seitlichen Halterungen für Handauflagen. Als Besonderheit ist das Gerät mit einem Zeichenspiegel nach Abbe versehen.

ABBILDUNG: ▶
Einfache Mikroskope von Ernst Leitz Wetzlar und einer Vorgängerfirma,

links: Mikroskop, Nr. 87, Hersteller Friedrich Belthle, 1854, Inv.-Nr. o/013,

rechts: Mikroskop mit Zeichenspiegel nach Ernst Abbe, ohne Nr., Hersteller Ernst Leitz Wetzlar, um 1900, Inv.-Nr. o/094.

1 http://www.ernst-leitz-wetzlar.de, aufgerufen am 24.02.2020.

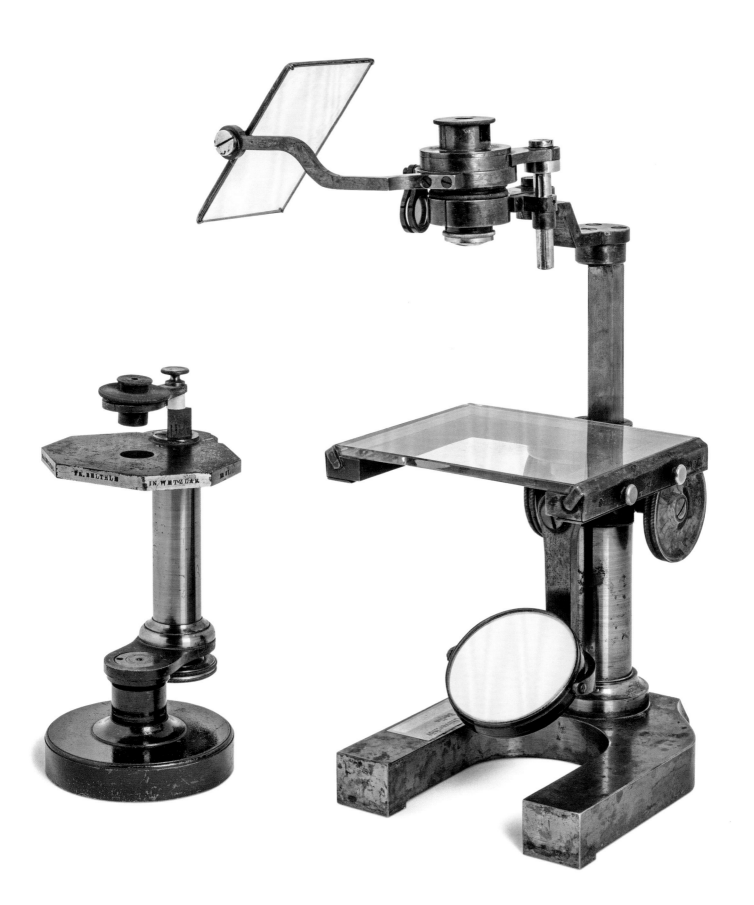

In einer Veröffentlichung von Carl Zeiss Jena aus dem Jahre 1931 wird der Zeichenapparat nach Abbe folgendermaßen beschrieben:

»Der Zeichenapparat nach ABBE besteht aus einer festklemmbaren Aufsteckhülse mit dem in der Höhe verstellbaren Träger b für das ABBEsche Würfelchen und dem seitlichen Arme c mit Spiegel d. Das ABBEsche Würfelchen ist aus zwei rechtwinkligen Prismen, deren Hypotenusenflächen miteinander verkittet sind, zusammengesetzt. Das eine Prisma ist auf der Hypotenusenfläche versilbert, aber so, daß in der Mitte ein Streifen von 1 mm oder 2 mm Breite frei geblieben ist. Das Würfelchen muß so über dem Okular sitzen, daß die versilberte Fläche dem schräg stehenden Spiegel zugekehrt ist und der freie Streifen, wenn rechts vom Mikroskop gezeichnet werden soll, von rechts-unten nach links-oben verläuft. Es kann dann der Beobachter durch den freien Streifen hindurch in das Mikroskop sehen und gleichzeitig einen Zeichenstift und eine Zeichenfläche wahrnehmen, [...] so daß das Auge dieses Bild und das virtuelle Bild des Mikroskoppräparates in der gleichen Richtung, also scheinbar zusammenfallend sieht« (Zeiss 1931, S. 6).

Zur Veränderung der Vergrößerung können zwischen dem Aufsatz und dem Spiegel Linsen eingeschlagen werden. ∎

ABBILDUNG: ▶
Einfaches Mikroskop mit Zeichenspiegel nach Ernst Abbe, ohne Nr., Hersteller Ernst Leitz Wetzlar, um 1900, Inv.-Nr. o/094.
Der Kasten ist wie bei fast allen Mikroskopen von Leitz mit violettem Samt ausgeschlagen.

LITERATUR:
Zeiss 1931

Mikroskope von Rudolf Winkel

Einfaches Mikroskop, ohne Nr., Hersteller
Rudolf Winkel, Göttingen, ca. 1860–1870,
Inv.-Nr. o/023.

Detail mit der Herstellersignatur.

Einfaches Mikroskop, ohne Nr., Hersteller
Rudolf Winkel, Göttingen, um 1900,
Inv.-Nr. o/022.

Detail mit Herstellersignatur und Linsen-
revolver für verschiedene Vergrößerungen.

Im Jahre 1857 gründete Rudolf Winkel ein Unternehmen für feinmechanische Instrumente. Zunächst war er Zulieferer für andere Firmen und stellte Instrumente für die Göttinger Universität her. 1870 erreichten seine großen zusammengesetzten Mikroskope die Marktreife. Seine Mikroskope erlangten einen hervorragenden Ruf. Daneben produzierte er aber auch einfache Mikroskope. Die ab 1866 obligatorische Trichinenuntersuchung im Königreich Preußen führte zu einer erhöhten Nachfrage nach solchen Mikroskopen. Nach Winkels Tod übernahmen seine drei Söhne den Betrieb; 1911 trat die Firma Carl Zeiss als Hauptgesellschafter ein und die Firma Winkel wurde in eine GmbH umgewandelt. Die Mikroskope erhielten die Bezeichnung: Winkel-Zeiss. 1957 – ein Jahrhundert nachdem die ersten Geräte Winkels Werkstatt verließen – wurde die R. Winkel GmbH Bestandteil der Carl-Zeiss-Stiftung. Bis heute werden in Göttingen Mikroskope gefertigt.

Das Museum besitzt zwei einfache Mikroskope von Rudolf Winkel. Beide stammen aus dem 19. Jahrhundert und haben keine Seriennummer. Das Mikroskop mit der Inventarnummer o/23 ist das ältere Gerät und wurde wahrscheinlich in der Frühzeit der Produktion in den 60er bis 70er Jahren des 19. Jahrhunderts hergestellt. Es hat noch nicht die für Winkel-Mikroskope typische Stativstange in Form eines Prismas. Der Tisch ist zur Scharfstellung heb- und senkbar. Der Spiegel zur Beleuchtung im Durchlicht fehlt. Die Vergrößerung lässt sich durch Ab- und Anschrauben von Linsen ändern. Die Beschriftung »10.26.35« auf der Optik gibt die verschiedenen Vergrößerungen an. Der Arbeitsabstand beträgt nur wenige Millimeter, so dass das Mikroskop nicht als Präparationsmikroskop genutzt werden konnte.

Auch bei dem Stativ o/022 fehlt der Spiegel. Das Mikroskop weist die für Winkel typische Stativstange und Hufeisenform des Stativfußes auf. Das Instrument hat eine sehr einfache Optik. Aus einer Scheibe sind sechs Linsen angebracht, die verschiedene, jedoch sehr geringe Vergrößerungen zuließen. Der Arbeitsabstand ist groß, abhängig von der Vergrößerung. ■

ABBILDUNG: ▶
Einfache Mikroskope von Rudolf Winkel,
Göttingen,

links: Mikroskop, ohne Nr., ca. 1860–1870,
Inv.-Nr. o/023,

rechts: Mikroskop, ohne Nr., um 1900, Inv.-
Nr. o/022.

Vergrößerung durch Multiplikation – zusammengesetzte Mikroskope

Zusammengesetzte Mikroskope haben gegenüber einfachen Mikroskopen den Vorteil höherer Vergrößerungen, wenn es gelingt, die Fehler der Optiken zu korrigieren. Das vom Objektiv vergrößerte Bild wird vom Okular nochmals vergrößert. Die Vergrößerungen multiplizieren sich – allerdings eben auch die Fehler. Die erste Abbildung eines zusammengesetzten Mikroskops ist in der *Micrographia* des englischen Universalgelehrten Robert Hooke enthalten (Hooke 1665). Die Entwicklung einfacher und zusammengesetzter Mikroskope verlief parallel. Bis zum Bau der ersten modernen zusammengesetzten Mikroskope mit berechneten Optiken ab 1871 waren brauchbare Instrumente das Ergebnis von umfangreichem Probieren und der Erfahrung der Hersteller. Viele Werkstätten kopierten aber auch erfolgreiche Modelle anderer Werkstätten.

Ein zusammengesetztes Mikroskop von Samuel Gottlieb Hofmann aus Leipzig und zwei sogenannte Nürnberger Mikroskope gehören zu den ältesten Instrumenten, die im Museum erhalten geblieben sind. Viele der Mikroskope waren bis zur Mitte des 19. Jahrhunderts sehr einfach gebaut und wurden nicht signiert; das Museum besitzt eine ganze Reihe solcher unsignierter und undatierter Mikroskope.

Ein ca. 1860 von Belthle & Rexroth in Wetzlar gebautes Instrument ist das älteste Mikroskop der Sammlung aus dem 19. Jahrhundert, das sich datieren und einem Hersteller zuordnen lässt.

Nach dieser Zeit gebaute und im Museum befindliche Mikroskope stammen vor allem von den Firmen Carl Zeiss in Jena und Ernst Leitz in Wetzlar und von deren Vorgängerfirmen. ∎

ABBILDUNG: ▶
Zusammengesetztes Mikroskop mit Beleuchtungsapparat. Kupferstich aus Robert Hooke, *Micrographia* [...], London 1665.

Das Mikroskop ist für undurchsichtige Objekte eingerichtet.

LITERATUR:
Hooke 1665

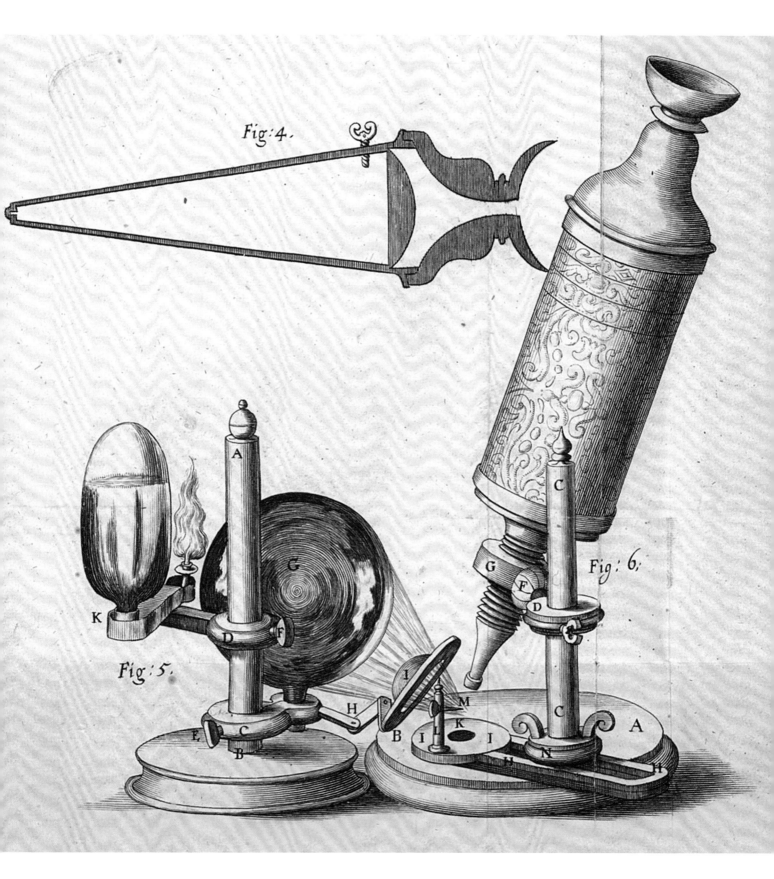

Fig: 4.

Fig: 6.

Fig: 5.

33

Humboldts treuer Begleiter in Amerika — das Hofmannsche Mikroskop

Schublade mit Wechselobjektiven, Präparaten und Präparierwerkzeugen.

ABBILDUNG: ▶
Zusammengesetztes Mikroskop, ohne Nr., Hersteller Samuel Gottlieb Hofmann, Leipzig, um 1780, Inv.-Nr. o/030.

Die Belederung des Tubus ist ergänzt.

1 In der Literatur wird der Name Hofmann oft auch Hoffmann geschrieben; er selbst schrieb sich mit einem f.

2 Der Dichter Jean Paul trug eine Brille von Hofmann und bedauerte ihr Zerbrechen, siehe: https://www.jeanpaul-edition.de, aufgerufen am 19.02.2020

3 Mündliche Mitteilung von Frank Berger, Kurator für das Münzkabinett, Waffen und Rüstungen, Technik, Modelle und Dioramen am Historischen Museum Frankfurt.

LITERATUR:
Goeze 1773; Hofmann 1785; Ledermüller 1761; Ledermüller 1762; Müllerott 1964; Schmitt 2015; Seeberger 1999

Hatte ein »Opticus« oder »Mechanicus« im 18. Jahrhundert ein Mikroskop entwickelt, das eine gute Abbildungsqualität und Handhabbarkeit ermöglichte, so sprach sich das in der ›Szene‹ schnell herum. Einer der Hersteller von Mikroskopen war der »Opticus bey der Universität zu Leipzig und der hiesigen öconom. Societät Ehrenmitglied« Samuel Gottlieb Hofmann.[1] Da seine Instrumente diese Qualitätsanforderungen erfüllten, konnte er für sie einen hohen Preis verlangen. In der Zeitschrift *Litteratur und Völkerkunde, Ein periodisches Werk* aus dem Jahre 1785 bot er seine Erzeugnisse an: Fernrohre, Lupen, Augengläser, Brillen[2] und Mikroskope (Hofmann 1785).

Sein berühmtestes Instrument, das nach ihm benannte Hofmannsche Mikroskop, kostete ohne Präparate 12 Louis d'or und mit 180 ausgesuchten Objekten 14 Louis d'or. Ein Louis d'or entsprach 5 Taler. Legt man das statistische Jahreseinkommen einer Familie von knapp 200 Talern in dieser Zeit zu Grunde und vergleicht das – natürlich mit aller Vorsicht – mit den heutigen Familieneinkommen, kostete das Instrument umgerechnet 12.000 €.[3] Trotz des hohen Preises machte das Mikroskop Karriere. So lobt der Verfasser eines der ersten farbigen Bildbände mit mikroskopischen Abbildungen, Martin Frobenius Ledermüller, die Hofmannschen Instrumente ausdrücklich (Ledermüller 1761, Ledermüller 1762). Der Quedlinburger Pastor und Zoologe Johann August Ephraim Goeze veräußerte sogar Teile seiner Bibliothek, um sich dieses Instrument leisten zu können (Müllerott 1964, S. 597). Mit seiner Hilfe entdeckt er 1772 unter anderem die Bärtierchen (Goeze 1773, S. 367ff, Abb. S. 498).

Der prominenteste Nutzer eines solchen Mikroskops war zweifellos Alexander von Humboldt. Er führte ein Hofmannsches Mikroskop auf seiner Amerikareise mit sich und nutzte es zusammen mit Aimé Bonpland zu botanischen Untersuchungen. Bekanntermaßen legte Humboldt größten Wert auf die Qualität der von Ihm genutzten Instrumente. Die Anregung, dieses Mikroskop zu erwerben, bekam er durch die Schriften des Arztes und Botanikers Johann Hedwig (Seeberger 1999). Das Mikroskop besaß neben seiner guten Abbildungsqualität den Vorteil, dass es mit sämtlichen Teilen in dem auch als Mikroskop-Tisch dienenden Holzkasten untergebracht werden konnte und dadurch einfach und sicher zu transportieren war.

Das im Museum befindliche Instrument stammt aus dem Besitz des preußischen Gutsbesitzers und aufgeklärten Schulreformers Friedrich Eberhard von Rochow. Er schenkte das Mikroskop am 28. April 1804 der Gesellschaft Naturforschender Freunde zu Berlin, deren auswärtiges Mitglied er war. Der damalige Direktor des Königlichen Mineralienkabinetts, Dietrich Ludwig Gustav Karsten, dankte für das »werthe Geschenk« und versprach, davon »häufig Gebrauch zu machen« (Schmitt 2015). Die Bibliothek und die Sammlungen der Gesellschaft befinden sich heute im Museum für Naturkunde Berlin. ∎

Hier irrte der Maler Eduard Ender — Nürnberger Mikroskope

Detail des Papptubus mit den sorgfältig gedrechselten Holzteilen.

ABBILDUNG: ▶
Nürnberger Mikroskop, ohne Nummer, Hersteller unbekannt, wahrscheinlich Anfang des 19. Jahrhunderts, Inv.-Nr. o/052.

Die Aufhängung für den Spiegel fehlt.

1 siehe Einführung S. 13
2 https://digital.deutsches-museum.de, aufgerufen am 20.02.2020

LITERATUR:
Ehrenberg 1838; Kügelgen & Seeberger 1999; Petri 1896

Eines der bekanntesten Humboldt-Gemälde[1] zeigt den Naturforscher und seinen Begleiter Aimé Bonpland in einer Urwaldhütte in Südamerika: Alexander von Humboldt sitzt lässig auf einen Tisch gestützt und schaut den Betrachter an; im Hintergrund sieht man die schneebedeckten Anden. Auf dem Tisch liegen gesammelte Pflanzen zwischen Büchern und wissenschaftlichen Instrumenten. Bei genauem Hinsehen entdeckt man auf der rechten Seite des Tischs ein Mikroskop. Es handelt sich jedoch nicht um das von ihm mitgeführte Hofmansche Mikroskop, sondern um ein sogenanntes Nürnberger Mikroskop. Diese Instrumente waren sehr einfach gebaut. Ihr Tubus bestand aus Pappe, die Objektive waren in Holz gefasst. Beides sind Materialien, die den erschwerten klimatischen Bedingungen im tropischen Urwald wohl kaum standgehalten hätten. Auch andere auf dem Gemälde abgebildete Instrumente hat Humboldt nicht mitgeführt. Wegen der nur scheinbaren Authentizität mochte Humboldt das Bild überhaupt nicht und riet von einem Ankauf ab (Kügelgen & Seeberger 1999).

Die sogenannten Nürnberger Mikroskope wurden wahrscheinlich ab dem Ende des 18. Jahrhunderts entweder in Nürnberg hergestellt oder über Nürnberg vertrieben; dazu wurden sie sowohl aus dem Schwarzwald als auch aus Tirol angekauft.[2] Erhältlich waren sie noch bis zum Ende des 19. Jahrhunderts (Petri 1896, S.151).

Die Mikroskope wurden in mehreren Modellen hergestellt. Am bekanntesten sind die Modelle, bei denen der Tubus auf einem dreibeinigen Stativ und solche, bei denen er auf einem Holzkasten montiert ist. Die Mikroskope erlaubten nur eine geringe Vergrößerung; die Fokussierung erfolgt durch Verschieben des Papptubus. Auf dem Bild von Ender ist das Modell mit dem Holzkasten abgebildet. Auch Christian Gottfried Ehrenberg begann seine mikroskopischen Untersuchungen mit einem Nürnberger Mikroskop. In seinem ersten großen mikroskopischen Werk *Die Infusionstierchen als vollkommene Organismen* von 1838 schreibt er dazu: »Ich selbst habe 1820 meine ersten und glücklichen Untersuchungen über das Keimen der Schimmelsamen mit einem hölzernen Nürnberger Mikroskop à 10 Thlr., einem damals unschätzbaren Geschenk meines Bruders Ferdinand E., dem ich hiermit danke, gemacht [...]« (Ehrenberg 1838, S. XVI). Die meisten dieser Mikroskope dienten jedoch nie zu wissenschaftlichen Untersuchungen, sondern waren eher Spielzeuge in bildungsbewussten Bürgerhäusern.

Das Museum besitzt beide Modelle, wobei dasjenige mit dem dreibeinigen Stativ in einem so schlechten Zustand ist, dass sich eine Restaurierung wohl nicht lohnt. Wahrscheinlich stammen beide aus der Sammlung der Gesellschaft Naturforschender Freunde zu Berlin. Da diese Instrumente über einen sehr langen Zeitraum gebaut wurden, ist eine Datierung kaum möglich. ■

Ein Erfolgsmodell aus Paris — das Trommelmikroskop

Trommelmikroskop, ohne Nr., Hersteller unbekannt, zweites Viertel 19. Jahrhundert, Inv.-Nr. o/014.

Detail mit zusammengesetztem Objektiv, Objekttisch und Spiegel.

ABBILDUNG: ▶
Trommelmikroskope, ohne Nr., Hersteller unbekannt, zweites Viertel 19. Jahrhundert,

links: Inv.-Nr. o/014,

Mitte: Inv.-Nr. o/015,

rechts: Inv.-Nr. o/024.

1 In der Optik versteht man unter Dispersion die Abhängigkeit des Brechungsindex von der Wellenlänge des Lichts. Dies
hat zur Folge, dass Sonnenlicht beim
Eintritt in ein Prisma unterschiedlich
stark gebrochen wird. Auf der anderen
Seite des Prismas zeigt sich deshalb ein
farbiges Spektrum.

LITERATUR:
Gloede 2013

B is in die erste Hälfte des 19. Jahrhunderts übertraf die Abbildungsqualität einfacher Mikroskope die der zusammengesetzten. Das hatte mehrere Gründe. Einer bestand darin, dass es lange nicht gelang, die Farbfehler der Linsensysteme zu korrigieren; bei einem zusammengesetzten Mikroskop multipliziert sich außerdem der Fehler des Objektivs durch die Nachvergrößerung des Okulars. Auf Grund eines Irrtums von Isaac Newton hielt man das Problem lange für unlösbar. Erst durch die Kombination von Gläsern mit unterschiedlichem Brechungsindex und unterschiedlicher Dispersion[1] (Kron- und Flintglas) gelang es, dieses Problem zu lösen. Ab 1830 übertrafen Mikroskope mit farbkorrigierten Objektiven (sogenannte Apochromate) die Leistungsfähigkeit von einfachen Mikroskopen. Ein zweiter Fehler bestand darin, dass man lange glaubte, hohe Vergrößerungen mit immer stärker vergrößernden Okularen erreichen zu können. Erst Ernst Abbe wies nach, dass das der falsche Weg war, um hohe Vergrößerungen zu erreichen (Gloede 2013). Trotz dieser Fehler hatten zusammengesetzte Mikroskope bei geringen Vergrößerungen den Vorteil eines höheren Arbeitsabstandes zwischen Objekt und Objektiv und eines größeren Bildfeldes gegenüber einfachen Mikroskopen.

Für viele Zwecke reichten Mikroskope mit geringer Vergrößerung aus. Besonders groß war der Bedarf bei Medizinern und Botanikern. Diesen Bedarf befriedigte ab 1830 der aus Ansbach in Franken stammende Georg Johann Oberhäuser mit Trommelmikroskopen aus seiner Pariser Werkstatt. Die von Oberhäuser entwickelten Mikroskope haben ihren Namen von dem trommelförmigen Stativ, in dem sich zumeist ein drehbarer Spiegel befindet. Er stellte sie in immer wieder verbesserten Modellen zu Tausenden her. Ob die drei im Museum befindliche Trommelmikroskope aus der Werkstall von Oberhäuser stammen, lässt sich auf Grund der fehlenden Signatur nicht nachweisen, da auch andere Werkstätten Mikroskope dieser Bauart produzierten. ∎

Schärfe durch Schrägstellen — ein Mikroskop von Belthle & Rexroth

Detail mit der Feinjustierung nach Hugo von Mohl.

Detail mit der Herstellersignatur.

Als Friedrich Belthle 1855 die Firma von Carl Kellner übernommen hatte, machte er von 1857 bis 1861 Heinrich Friedrich Rexroth zu seinem Partner, was an der Signatur der Mikroskope dieser Zeit zu erkennen ist: »Belthle & Rexroth, C. Kellners Nachfolger«. Ernst Leitz, der seit 1864 bei Belthle arbeitete und 1865 Teilhaber wurde, übernahm 1869 die Firma und baute sie zu einem der erfolgreichsten Optikunternehmen der Welt aus.[1]

Zur Instrumenten-Sammlung des Museums gehört ein Mikroskop von Belthle und Rexroth. Es handelt sich um das kleinste Mikroskop der Firma. Es ist signiert sowohl auf dem Objektiv als auch auf dem Stativ mit »Belthle & Rexroth in Wetzlar« und trägt die Nummer 456. Mit dieser Nummer wurde es im Jahre 1859 hergestellt (Beck 1994). Die Grobeinstellung erfolgt durch Verschieben des Tubus, dessen Einstellung eine feine Strichmarke erleichtert. Am Objekttisch ist eine Fein-einstellungsvorrichtung nach Hugo von Mohl[2] angebracht. Sie erfolgt durch eine Platte, die auf einem Scharnier befestigt ist und auf der anderen durch eine Schraube gehoben und gesenkt wird. Unter dem Objekttisch sitzt eine Drehscheibe mit Lochblenden. ■

ABBILDUNG: ▶
Zusammengesetztes Mikroskop, Nr. 456, Hersteller Belthle & Rexroth Wetzlar, 1859, Inv.-Nr. o/012.

1 http://www.museum-optischer-instrumen-te.de, aufgerufen am 21.02.2020.
2 Benannt nach ihrem Erfinder Hugo von Mohl, Professor der Botanik in Tübingen.

LITERATUR:
Beck 1994

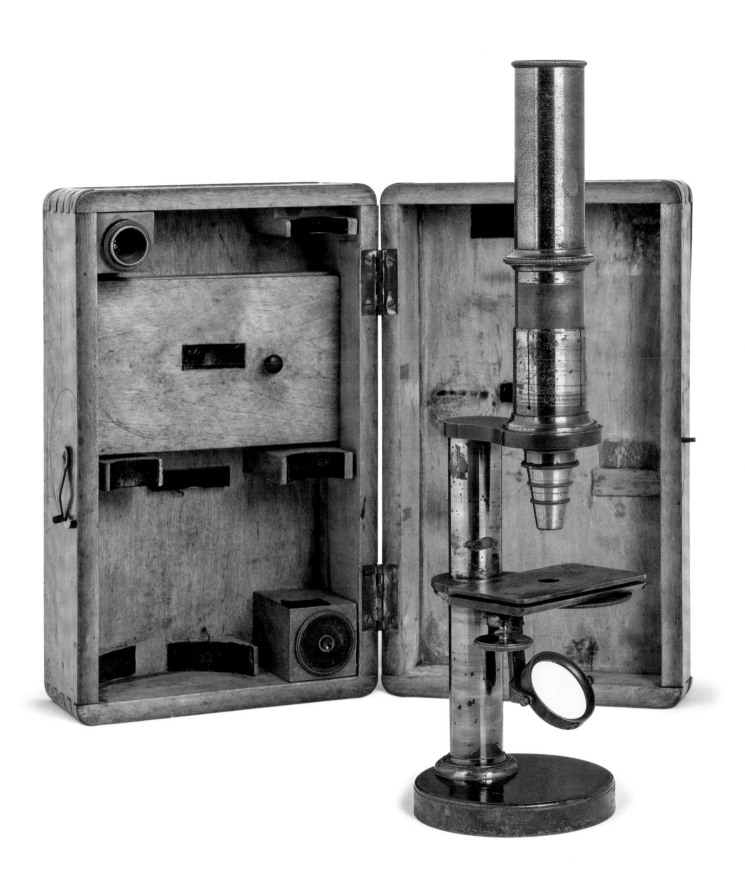

Rechnen statt Pröbeln — Carl Zeiss und Ernst Abbe

Zusammengesetztes Mikroskop Typ I, Nr. 12117, Hersteller Carl Zeiss Jena, Auslieferung 1888, Inv.-Nr. o/098.

Detail mit Objektrevolver, Fein- und Grobtrieb.

ABBILDUNG: ▶
Zusammengesetzte Mikroskope von Carl Zeiss Jena,

links: Typ I, Nr. 12117, Auslieferung 1888, Inv.-Nr. o/098,

rechts: Typ Ia, Nr. 30167, Auslieferung 1899, Inv.-Nr. o/099.

1 Die Schreibweise des Familiennamens war noch zu Lebzeiten von Carl Zeiss nicht eindeutig festgelegt. Es finden sich auch Zeiß, Zeis, Zeyesz und Zeus. Um dieser Unsicherheit ein Ende zu bereiten, einigten sich sein Sohn Roderich und Ernst Abbe erst um das Jahr 1885 für das Unternehmen auf die Schreibweise Zeiss. Vgl. https://de.wikipedia.org, aufgerufen am 24.02.2020.

2 https://de.wikipedia.org, aufgerufen am 10.04.2020

3 Unter »Pröbeln« verstand man in der Optik die Entwicklung von Optiken durch Probieren verschiedenster Linsenkombinationen.

LITERATUR:
Zeiss 1891

Am 17. November 1846 erwarb Carl Zeiss[1] mit einem Startkapital von 100 Talern in Jena die Konzession zur Fertigung und zum Verkauf mechanischer und optischer Instrumente.[2] Zunächst produzierte er mit großem Erfolg einfache Mikroskope. Bei seinen zusammengesetzten Mikroskopen erreichte er indessen nicht die Qualität seiner Konkurrenten. Deswegen wollte er vom »Pröbeln«[3] bei der Optikentwicklung zur Berechnung übergehen. Er musste jedoch feststellen, dass seine eigenen mathematischen und physikalischen Kenntnisse dafür nicht ausreichten. 1866 begann die Zusammenarbeit mit dem 24 Jahre jüngeren Physiker Ernst Abbe. Diese Zusammenarbeit war nach umfänglichen Vorarbeiten, der Umstellung der Produktion und anfänglichen Rückschlägen letztlich erfolgreich: 1872 kam das erste Mikroskop mit berechneten Optiken auf den Markt. Der Preis für solch ein Mikroskop betrug 387 Taler; das war nahezu das Dreifache des gepröbelten Vorgängermodells. Große Probleme bereitete die Konstanz der Qualität. Dazu benötigte man Gläser mit definierten Eigenschaften. Ernst Abbe, Carl Zeiss und dessen Sohn Roderich Zeiss überredeten den Chemiker Friedrich Otto Schott, mit ihnen zusammen in Jena eine Glasfabrik zu gründen, das Jenaer Glaswerk Schott & Genossen. Abbe befruchtete die Mikroskopherstellung mit vielen Innovationen. Er entwickelte unter anderem die ersten vollständig farbkorrigierten Objektive, er berechnete die theoretische Obergrenze der optischen Vergrößerung und fand Methoden, sich dieser Grenze zu nähern. Nach dem Tod von Carl Zeiss wurde er alleiniger Geschäftsführer. Er gründete die Carl-Zeiss-Stiftung und bestimmte sie zur alleinigen Erbin der Firma nach seinem Tod. Die Arbeitsbedingungen und sozialen Maßnahmen in den Zeiss-Werken waren dank der Überzeugungen und des sozialen Engagements von Abbe für die damalige Zeit vorbildlich.

In der Sammlung des Museums befinden sich zwei Mikroskope von Zeiss aus den letzten zwei Jahrzehnten des 19. Jahrhunderts. Anhand der Seriennummer kann man im Archiv von Zeiss den genauen Typ, das Herstellungsjahr und gelegentlich auch die Lieferadresse recherchieren.

Das Stativ vom Typ I mit der Seriennummer 12.117 wurde 1888 nach Utrecht ausgeliefert und kam auf bisher unbekanntem Weg ins Museum. Bemerkenswert ist das vollständig erhaltene Zubehör. Das Stativ vom Typ Ia trägt die Seriennummer 30.167 und wurde 1899 ausgeliefert; der Empfänger ist unbekannt. 1891 kosteten die Mikroskope vom Typ Ia je nach Ausstattung zwischen 1.700 und 2.300 Mark (Zeiss 1891).

Die alten Inventaraufkleber der Humboldt-Universität zeigen, dass beide Instrumente aus dem Zoologischen Museum stammen. Rein äußerlich sehen die Mikroskope von Zeiss denen von Leitz aus derselben Zeit sehr ähnlich. ■

Eine neue Ära beginnt in Wetzlar — Mikroskope von Ernst Leitz

Mikroskop Nr. 22628
Vergrösserungen bei 160 Mm. Tubuslänge.

Systeme	Oculare.		
	1	3	4
1	16	20	28
3	57	80	100
6			400
7	330	480	590
Oel. Im. ¹/₁₂	510	700	850

Wetzlar, den 24/II. 1892. E. Leitz.

Vergrößerungstabelle in der Tür des Aufbewahrungskastens.

Detail mit Herstellersignatur auf dem Fuß.

Nachdem Ernst Leitz 1869 die Optische Werkstatt von Friedrich Belthle übernommen hatte, führte er viele Neuerungen ein und verbesserte seine Mikroskope sowohl optisch als auch mechanisch. Die Mikroskope bekamen das von Georg Oberhäuser eingeführte Hufeisenstativ. Diese Stativform prägte bis vor wenigen Jahrzehnten das Bild von Mikroskopen. Anfänglich wurde das Stativ wie auch die anderen Mikroskopteile aus Messing gefertigt, später dann aus Gusseisen. Zum schnellen Wechsel der Objektive führte man den sogenannten Objektivrevolver ein. Die Serienfertigung erlaubte eine wesentliche Rationalisierung des Produktionsablaufes.

Das abgebildete Mikroskop trägt die Produktionsnummer 22.628 und wurde 1892 hergestellt. Da Leitz die Nummerierung seiner Instrumente von den Vorgängerfirmen fortführte und alle Instrumente durchnummerierte, lässt sich relativ einfach das Produktionsjahr bestimmen.[1] Die Grobjustierung erfolgt durch eine am Tubus befestigte Zahnstange, die Feinjustierung durch eine Mikrometerschraube, die in die Stativsäule eingebaut ist. Um 1900 wechselt man zu Feintrieben, bei denen die Mikrometerschraube über ein Getriebe bewegt wird. Das hat den Vorteil, dass beide Einstellschrauben nebeneinander liegen. Bei modernen Mikroskopen wird nicht mehr der Tubus, sondern der Objekttisch bewegt.

Zu dem Mikroskop aus der Sammlung des Museums gehört auch der Aufbewahrungskasten mit mehreren Wechselobjektiven. An dem Mikroskopkasten befindet sich ein Anhänger mit dem Namen Dr. Delkeskamp. Kurt Delkeskamp war ab 1930 wissenschaftlicher Assistent am Museum und ab 1942 Kustos der Käfersammlung. Er gehörte zu den Wissenschaftlern, die nach dem Zweiten Weltkrieg im damaligen Westberlin wohnten und die nach dem 13. August 1961 nicht mehr am Museum arbeiten konnten. Inwieweit er das Mikroskop für seine zahlreichen taxonomischen Arbeiten nutzte, ist nicht bekannt. ∎

ABBILDUNG: ▶
Zusammengesetztes Mikroskop Typ Ia,
Nr. 22628, Hersteller Ernst Leitz Wetzlar,
1892, Inv.-Nr. o/088.

1 http://www.ernst-leitz-wetzlar.de, aufgerufen am 24.02.2020.

Mikroskop Nr. 22628.
Vergrösserungen bei 160 Mm. Tubuslänge.

Mikroskope aus dem Umfeld von Leitz – die Brüder Wilhelm und Heinrich Seibert

Detail mit Herstellersignatur, Gerätenummer und Inventarnummer des Zoologischen Museums.

Das Optische Institut Carl Kellners war Keimzelle für eine optische und feinmechanische Industrie mit Weltruf in Wetzlar. Neben mehreren Unternehmen, die aus der Leica-Gruppe[1] hervorgingen, existieren dort viele Betriebe der Optischen Industrie und ihres Umfelds bis heute, so die Hensoldt AG (heute Carl Zeiss Sports Optics), Minox, die Wilhelm Loh KG Optik-maschinenfabrik und die Wilhelm Will KG.

Eine der bekanntesten Hersteller von Mikroskopen in Wetzlar neben Leitz war das 1867 von den Brüdern Wilhelm und Heinrich Seibert gegründete Unternehmen W. & H. Seibert. Die Mikroskope von W. & H. Seibert erfüllten höchste Qualitätsansprüche. Im Jahre 1900 wurde das zehntausendste Mikroskop hergestellt.[2] Der Bakteriologe Robert Koch benutzte neben Mikroskopen von Zeiss und Leitz auch Instrumente dieser Firma. 1911 gelang dem Unternehmen die Entwicklung des ersten kommerziell erhältlichen Vergleichsmikroskops. Es handelt sich dabei um Mikroskope, mit denen man zwei Objekte oder Proben gleichzeitig betrachten und somit verglei-chen kann. Die erste Idee eines Vergleichsmikroskops wurde 1885 von dem russischen Geologen Alexander Alexandrowitsch Inostranzew publiziert.[3] Wirtschaftliche Schwierigkeiten führten schließlich 1917 zu einer Mehrheitsbeteiligung durch Leitz an der Firma. Als Wilhelm Seibert starb, wurde das Unternehmen in den Fertigungsablauf der Leitz Werke eingegliedert und das eigene Produktionsprogramm aufgegeben.[4]

Das Mikroskop des Museums trägt die Seriennummer 28.155, stammt ungefähr aus dem Jahr 1930 und wurde im Zoologischen Museum genutzt. Es ist in außerordentlich gutem Zustand. Wie Fotografien aus dem Bildarchiv des Museums zeigen, wurde es höchstwahrscheinlich von dem Präparator Alfred Keller zu Vorarbeiten bei seinem Regenwurmmodell genutzt. ∎

ABBILDUNG: ▶
Zusammengesetztes Mikroskop, Nr. 28.155, Hersteller W. & H. Seibert, Wetzlar, ca. 1930, Inv.-Nr. o/026.

1 Die Leica-Gruppe ging aus der Firma Ernst Leitz Wetzlar nach Fusion mit anderen Firmen und der darauffolgenden Auf-teilung in drei unabhängige Firmen hervor.

2 https://de.wikipedia.org, aufgerufen am 22.02.2020.

3 https://de.wikipedia.org, aufgerufen am 22.02.2020.

4 https://www.wetzlar.de, aufgerufen am 09.03.2020.

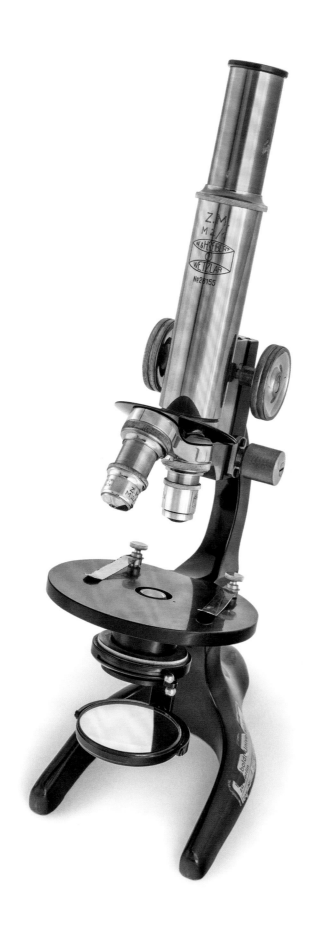

Zusammengesetztes Mikroskop Typ LuWdE,
Nr. 361449, Hersteller Carl Zeiss Jena,
Auslieferung 1954, Inv.-Nr. o/032.

Detail der Polarisationseinrichtung
(Analysator).

Zusammengesetztes Mikroskop Typ LuWdE,
Nr. 361449, Hersteller Carl Zeiss Jena,
Auslieferung 1954, Inv.-Nr. o/032.

Detail mit Herstellersignatur, Gerätenummer
und Qualitätssiegel der DDR.

ABBILDUNG: ▶
Zusammengesetzte Mikroskope von Carl
Zeiss Jena,

links: Typ Lu, Nr 363858, Auslieferung
ca. 1960, Inv.-Nr. o/089,

rechts: Typ LuWdE, Nr 361449, Auslieferung
1954, Inv.-Nr. o/032.

1 https://de.wikipedia.org, aufgerufen am
25.02.2020.

2 Volkseigener Betrieb

3 Als Akzessorien (Singular: Akzessorium)
oder Begleitminerale bezeichnet man ein
oder mehrere Minerale, die die Neben-
gemengteile bzw. Übergemengteile eines
Gesteins bilden.

Drei Werke, zwei nahezu gleiche Mikroskope – die Mikroskope L und Standard von Zeiss

Im Jahr1933 wurde von Zeiss das L-Stativ auf den Markt gebracht. Stahl und Gusseisen hatten das Messing als Baumaterial abgelöst; die Mikroskope wurden vollständig schwarz lackiert. Der Grob- und der Feintrieb wirkten nicht mehr auf den Tubus, sondern auf den Objekttisch. Der Spiegel wurde so angeordnet, dass er das Licht einer elektrischen Lampe direkt in den Kondensor leiten konnte. Das Mikroskop wurde modular aufgebaut und erlaubte mit dem gleichen Stativ die verschiedensten Modifikationen und Spezialanpassungen.

Am Ende des Zweiten Weltkrieges war Jena für kurze Zeit durch US-amerikanische Truppen besetzt. Mit dem Abzug der US-Streitkräfte aus Thüringen im Juni 1945 wurden zahlreiche Spezialisten sowie die amtierende Geschäftsführung aus Jena nach Heidenheim (Württemberg) deportiert. Am 4. Oktober 1946 wurde im benachbarten Oberkochen die Opton Optische Werke Oberkochen GmbH gegründet und ein neuer Produktionsstandort aufgebaut. Am 31. Juli 1947 änderte man den Namen in Zeiss-Opton Optische Werke Oberkochen GmbH. Am 1. Oktober wurde daraus das Unternehmen Carl Zeiss.[1] In Jena führte man das Werk als VEB[2] Carl Zeiss Jena weiter.

Während man in Jena das L-Stativ weiterbaute, wurde es in Oberkochen zum Modell Standard weiterentwickelt. Äußerlich ähneln sich die Mikroskope. Beide erhielten binokulare Okulare. Später wechselte man in Jena die Farbe der Instrumente zum »Zeissgrau«, in Oberkochen zum Weiß.

Das Stativ LuWdE mit der Nummer 361449 wurde zusätzlich mit einer Polarisationseinrichtung versehen, 1954 an das Petrographische Institut der Universität in Halle geliefert und ›wanderte‹ mit Prof. Günter Hoppe (von 1977 bis 1981 Direktor des Museums für Naturkunde) von Halle über Greifswald nach Berlin. Mit diesem Mikroskop machte Hoppe seine Untersuchungen an akzessorischen[3] Zirkonen, die 1960 zu seiner Habilitation führten.

Das Mikroskop Lu mit der Nummer 363858 wurde um 1960 produziert und trägt das Qualitätssiegel der DDR. Industrielle oder handwerkliche Erzeugnisse der Deutschen Demokratischen Republik, die festgelegten Qualitätsvorschrift entsprachen, wurden mit einem bestimmten Gütezeichen versehen. Gütezeichen Q bezeichnete Spitzenerzeugnisse, die über dem Durchschnitt des Weltmarktes lagen. ∎

Ein Mikroskop für den Auftrieb – das Zählmikroskop nach Hensen

Detail mit der Herstellersignatur.

Detail mit dem Objektivrevolver.

1 Porträt Carl Apstein siehe S. 9.

Der Berliner Zoologe Johannes Müller reiste 1845 nach Helgoland, um Larven von Seeigeln zu fangen. Helgoland war gerade Seebad geworden und damit Besuchern zugänglich. Für die Gemeinschaft der im Meer treibenden Organismen prägte er 1846 den Begriff »Auftrieb«. Er folgte damit einem sprachlichen Rat Jacob Grimms. Bereits zehn Jahre zuvor beschrieb Ehrenberg zahlreiche Organismen dieser Lebensgemeinschaften aus dem Atlantik, aus der Nord- und Ostsee sowie aus dem Süßwasser und bildete sie in seinem Buch *Die Infusionstierchen als vollkommene Organismen* ab (Ehrenberg 1838). Der Kieler Physiologe und Meeresbiologe Victor Hensen versuchte durch die systematische Abfischung von Fischeiern mit von ihm entwickelten Spezialnetzen quantitative Aussagen zur Charakterisierung der Fischbestände in den Ozeanen zu treffen. In seinem Netz fand Hensen regelmäßig einen Beifang aus mikroskopisch kleinen Tieren und Pflanzen. Er erkannte die entscheidende Bedeutung dieser Lebewesen und gab ihnen 1887 den Namen Plankton.

Hensen entwickelte außerdem das bis heute genutzte Planktonnetz. Wie schon bei den Fischeiern versuchte er quantitative Aussagen zu treffen. Dazu entwickelte er ein ausgeklügeltes Verfahren, zu dem auch die Arbeit mit einem von ihm entwickelten Zählmikroskop gehörte. Um seine statistischen Methoden auf den ganzen Atlantik auszudehnen, initiierte und leitete Hensen 1888/89 die später so bezeichnete »Plankton-Expedition«. Ihre Ergebnisse wurden durch die völlig neuen quantitativen Daten und die große Zahl neuer Arten zu einer Referenz in der Meeresforschung. Die für damalige Zeiten beachtliche Summe von 105.600 Mark für die Finanzierung der Expedition wurde von verschiedenen Einrichtungen getragen. Nahezu ein Viertel kam von der Preußische Akademie der Wissenschaften aus den Mitteln der Alexander-von-Humboldt-Stiftung. Die Methode und die Ergebnisse der Forschungsreise trafen auch auf starke Kritik, vor allem durch Ernst Haeckel.

An der Auswertung der Expedition war auch der zu dieser Zeit in Kiel wirkende Zoologe Carl Apstein[1] beteiligt. Apstein hat sich in seiner weiteren Arbeit vor allem mit dem Süßwasserplankton beschäftigt. Sein aus diesen Forschungen resultierendes Buch *Das Süsswasserplankton – Methode und Resultate der quantitativen Untersuchung* widmete er Victor Hensen als »dem Begründer der wissenschaftlichen Untersuchungen über die Biologie des Planktons« (Apstein 1896, Widmung). In seinem Buch beschreibt Apstein das Zählmikroskop. Letztlich handelt es sich dabei um ein normales Mikroskop mit einem sehr großen Kreuztisch. Der Autor gibt auch Hersteller und Preis des Geräts an: »Objekttische für Zählung fertigt jetzt der Mechaniker Zwickert in Kiel für jedes beliebige Mikroskop zum Preise von 60 M an« (Apstein 1896, S. 44). 1914 bot die Werkstatt von Heinrich Adolf Eduard Zwickert den Tisch für 68 Mark und das komplette Mikroskop für 465 Mark an (Zwickert 1914, S. 6). Für den eigentlichen Mikroskopteil nutzte Zwickert wohl Mikroskope von Zeiss, die er mit Optiken verschiedener Hersteller kombinierte (Lüthje 2012).

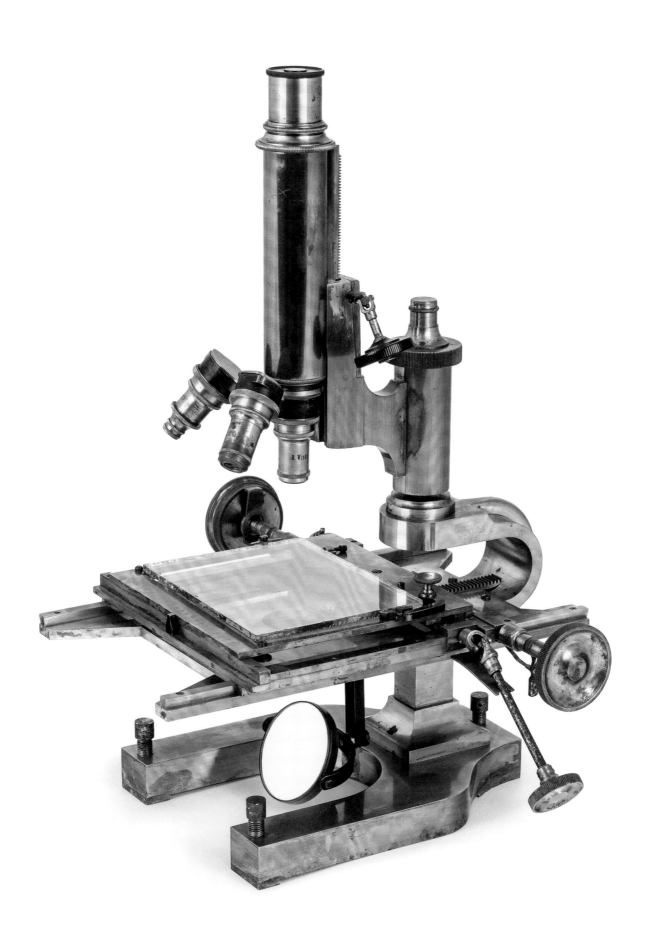

Adressaufkleber auf der Transportkiste

Die Abbildung im Katalog von 1914 zeigt als Mikroskop eine Bauart mit in einem in das Stativ integrierten Feintrieb. Diese Bauart wurde von den meisten Mikroskopherstellern seit Beginn des 19. Jahrhunderts nach und nach aufgegeben.

Mit Hilfe dieses Mikroskops konnte in einer definiert aufbereiteten Planktonprobe sowohl die absolute Menge von Organismen pro Volumeneinheit Wasser, als auch das Verhältnis der Arten untereinander festgestellt werden. Zur besseren Orientierung auf dem 11,5 x 10 cm großen Objektträger wurde dieser mit eingeritzten Linien versehen. Dazu beschreibt Apstein eine interessante Zähltechnik:

»Handelt es sich jedoch um mehrere Spezies, so kann man diese nicht im Kopfe getrennt zählen. Doch auch hier hat Hensen Rath geschafft. Da in einem Fange höchstens 30–50 verschiedene Spezies von Thieren und Pflanzen vorhanden sind, so werden an einem Setzerkasten, der ebenso viel Fächer enthält, die Namen der vorhandenen Organismen angebracht, für jede Spezies ein Fach. Untersucht man jetzt eine Platte, so werden die mannigfaltigen Organismen nicht mehr gezählt, sondern sobald irgend einer im Gesichtsfelde sich blicken lässt, wird für ihn ein Pfennig (Spielmarke, Bohne) in sein betreffendes Fach gelegt. So kann man leicht eine Platte, auf der sich 50 verschiedene Arten durcheinandergemengt befinden, zählen« (Apstein 1896, S. 45).[1]

Apstein nahm 1898/99 an der von Carl Chun geleiteten Valdivia-Expedition teil. Diese erste deutsche Tiefseeexpedition hat Wissenschaftsgeschichte geschrieben. Große Teile der Ausbeute befinden sich im Museum für Naturkunde. Er bearbeitete unter anderem die Salpen. Später wurde Apstein wissenschaftlicher Beamter bei der Preußischen Akademie der Wissenschaften. Seinen Dienstsitz hatte er im Zoologischen Institut der Berliner Universität.

Das Zählmikroskop des Museums stammt höchstwahrscheinlich aus Apsteins Besitz. In der historischen Arbeitsstelle des Museums existiert ein Foto, das ihn an einem solchen Mikroskop zeigt. Der Tisch ist mit »AD. ZWICKERT. KIEL« signiert, der Mikroskoptubus ist unsigniert. Die Objektive stammen von Winkel in Göttingen, das Okular von Leitz in Wetzlar. Eine Besonderheit sind die an allen Trieben zusätzlich angebrachten verlängerten Stellschrauben mit Kardangelenken. Zusätzlich sind an den Trieben für den Objekttisch kleine geriffelte Scheiben vorhanden, die mit einer entsprechenden Feder bei der Drehung ein leises ›Ratschen‹ erzeugen. Unter dem Mikroskoptisch befindet sich eine Irisblende. Zum Mikroskop gehört ein einfacher Transportkasten, der mit einem Paketaufkleber an die Firma Zwickert versehen ist. Darauf ist auch der Wert des Mikroskops mit 500 Mark angegeben. Auf der Kiste sind Reste von Sigeln erhalten. Eventuell wurde das Mikroskop als Wertpaket zur Reparatur an den Hersteller versandt. ■

ABBILDUNG: ▶
Transportkiste mit Zählmikroskop nach Hensen, ohne Nr., Hersteller Ad. Zwickert Kiel um 1890, Inv.-Nr. o/106

1 Heute nutzt man für derartige Zählungen sogenannte Integrationstische.

LITERATUR:
Apstein 1896; Ehrenberg 1838; Lüthje 2012; Zwickert 1914

Großer Arbeitsabstand und Handauflagen – Präparationsmikroskope

Bevor ein Objekt in eine Sammlung aufgenommen werden kann, sind sehr oft Voruntersuchungen und Präparationsarbeiten notwendig. So muss das Objekt bestimmt, unter Umständen aus einer aufbereiteten Probe ausgelesen oder mit speziellen Techniken konserviert werden. Viele Objekte sind sehr klein oder die zu untersuchende Merkmale sind nur unter dem Mikroskop erkennbar. Aber nicht nur für die Sammlungen, sondern auch für weitere wissenschaftliche Untersuchungen sind präparative Vorbereitungen notwendig.

Für solche Arbeiten wurden bereits im 19. Jahrhundert spezielle Mikroskope entwickelt und verwendet: sowohl einfache als auch zusammengesetzte . Wichtig ist, dass sie einen großen Arbeitsabstand besitzen und einen möglichst großen Bildausschnitt zeigen. Hohe Vergrößerungen sind meist nicht unbedingt nötig. Zur Erleichterung der Arbeiten unter dem Mikroskop wurden sehr häufig Handauflagen am Mikroskoptisch angebracht. Die meisten Mikroskope sind sowohl für Arbeiten im Durchlicht als auch im Auflicht ausgelegt. Heute werden nahezu ausschließlich Stereomikroskope für diese Arbeiten verwendet. ■

ABBILDUNG: ▶
Präparationsstativ mit Lupe und Zeichenapparat von Carl Zeiss Jena

Stich aus Hönnicke, Hermann: *Zeiss
Mikroskope und Nebenapparate*. Jena 1927

LITERATUR:
Hugershoff 1911

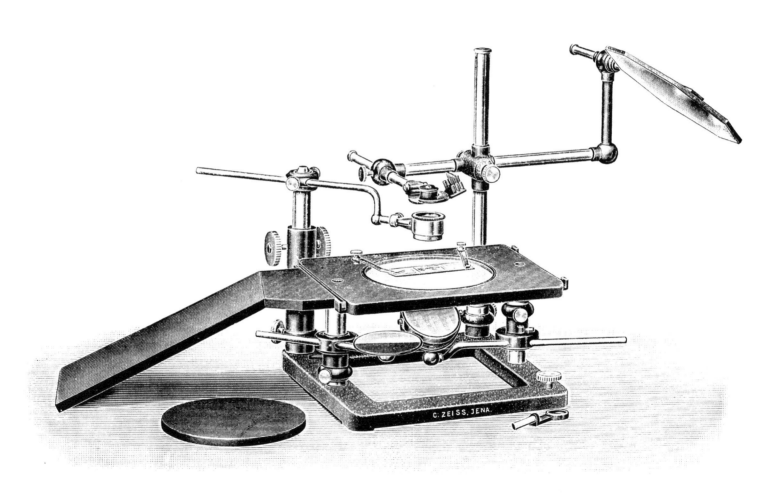

Massive Holzkästen für ruhige Hände —
Konstruktionen um 1850

Detail des seitlichen Aufbewahrungskastens für auswechselbare Optiken und für Zubehör.

Bei diesem Präparationsmikroskop handelt es sich um eine sehr einfache Konstruktion, wie wir sie auch von anderen einfachen Mikroskopen der Sammlung kennen. Zur Durchlichtbeleuchtung ist unter dem Mikroskoptisch ein Spiegel angebracht. Die Besonderheit ist die Montage auf einem Holzkasten, in den die Handauflagen integriert sind. Seitlich befinden sich kleine Schubkästen, in denen das Zubehör untergebracht werden konnte. Das Mikroskop ist nicht signiert. Durch den Vergleich mit ähnlichen Konstruktionen kann der Herstellungszeitraum auf etwa 1850 geschätzt werden. Mikroskope mit ähnlichen Holzkästen sind bis Anfang des 20. Jahrhunderts gefertigt worden. ■

ABBILDUNG: ▶
Präparationsmikroskop mit hölzernen Handauflagen, ohne Nr., Hersteller unbekannt, um 1850, Inv.-Nr. o/016.

Präparation am langen Arm — ein Mikroskop für große Objekte

Das abgebildete zusammengesetzte Mikroskop ist für die Untersuchung und Präparation großer Objekte eingerichtet. Das zusammengesetzte optische System ist an einer überlangen Halterung mit einem Schwalbenschwanz befestigt. Dadurch ist das Mikroskop mit einem Handgriff zerlegbar. Das Okular ist verschiebbar angeordnet, das Objektiv auswechselbar. Die Fokussierung erfolgt über eine in die Säule integrierte Gewindespindel, die die Mikroskophalterung verschiebt. Um große, plane Objekte ohne Nachfokussieren untersuchen zu können, ist das auf drei kleinen Füßen stehende Mikroskop in einem der Füße mit einer Schraube zum Heben und Senken versehen. Der Arbeitsabstand beträgt ca. 4 cm. Das Bild steht auf dem Kopf und ist seitenverkehrt.

Das Mikroskop zeigt deutliche Gebrauchsspuren. Es ist nicht signiert und stammt wahrscheinlich aus der zweiten Hälfte des 19. Jahrhunderts. ∎

Detail mit Schraube zum Heben und Senken des Mikroskopfußes.

Detail mit der Schraube zur Fokussierung.

ABBILDUNG: ▶
Präparationsmikroskop, ohne Nr., Hersteller unbekannt, wahrscheinlich zweite Hälfte des 19. Jahrhunderts, Inv.-Nr. o/025.

Aufrecht und auf der richtigen Seite – ein Präparationsmikroskop mit Porroprisma

Detail mit Herstellersignatur und eingravierter Inventarnummer des Zoologischen Museums auf dem Porroprisma.

Im gewöhnlichen zusammengesetzten Mikroskopen und Fernrohren steht das beobachtete Bild je nach Bauart auf dem Kopf und ist seitenverkehrt. Bei ›normalen‹ Mikroskopen nahm man das in Kauf, aber bei Präparationsarbeiten ist das sehr störend. Ernst Abbe wollte das Problem lösen und konstruierte ein Umkehrsystem, das er patentieren lassen wollte. Er musste jedoch zu seiner Überraschung feststellen, dass ihm der italienische Ingenieur Ignazio Porro, von dem er bis dahin noch nie etwas gehört hatte, um Jahrzehnte zuvorgekommen war. Porro hatte das Problem mit zwei nacheinander angeordneten Prismen gelöst. 1854 erhielt er das Patent für seine Erfindung.[1] Porroprismen oder ähnliche Umkehrsysteme gehören heute zur optischen Ausrüstung jedes modernen Mikroskops oder Fernglases. Man erkennt sie in Ferngläsern daran, dass Objektiv und Okular nicht in einer Achse liegen; das Fernglas macht anscheinend einen Knick. Außerdem verkürzt dieses Prisma die Bauweise optischer Instrumente, da nicht die Länge des Tubus, sondern die Länge des Strahlenganges entscheidend ist.

Das hier beschriebene Mikroskop mit einer zusammengesetzten Optik ist ebenfalls mit einem Porroprisma ausgerüstet. Das hat den Vorteil, dass der Tubus sehr kurz bleiben konnte. Das Stativ dieses Präparationsmikroskops ist nahezu identisch mit dem Leitz-Mikroskop, das im Kapitel über einfache Mikroskope beschrieben ist. Der größte Unterschied besteht im optischen System. Dass hier der Hufeisenfuß schwarz lackiert ist, weist nach Vergleich mit dem anderen Mikroskop auf ein späteres Baujahr hin. Wie für Präparationslupen und -mikroskope bei Leitz üblich, trägt dieses Stativ keine Seriennummer. Ein ähnliches Mikroskop wurde 1913 von Leitz verkauft.[2] Die Bauweise des Porroprismas unseres Instruments weist auf ein späteres Baujahr hin. Unter dem Mikroskoptisch ist eine Platte eingeschoben, die auf einer drehbaren Scheibe verschieden große Lochblenden trägt. Seitlich am Tisch sind Handauflagen aus Blech angebracht, die mit einem dünnen Leder überzogen sind. ∎

ABBILDUNG: ▶
Präparationsmikroskop mit Porroprisma und Handauflagen, ohne Nr., Hersteller Ernst Leitz Wetzlar, um 1900, Inv.-Nr. o/092.

1 https://de.wikipedia.org, aufgerufen am 05.03.2020.
2 http://www.museum-optischer-instrumente.de, aufgerufen am 06.03.2020.

Ein Mönch beschreibt
das räumliche Sehen — Stereomikroskope

Die meisten historischen optischen Instrumente sind monookular, d. h. man schaut nur mit einem Auge durch das Instrument. Bereits im 17. Jahrhundert tauchte der Wunsch auf, mit beiden Augen durch ein Fernrohr oder ein Mikroskop zu schauen. Einer der Ersten, der sich dazu Gedanken machte, war der französische Kapuzinermönch und Instrumentenbauer Chérubin d'Orléans, der wenigstens fünf Bücher über optische Instrumente verfasste (Blanchard 2013). Er erkannte, dass man, um durch ein Mikroskop mit beiden Augen zu sehen, zwei Mikroskope benutzen muss, die in einem Winkel zueinander angeordnet sind. Auf Basis seiner Erkenntnisse entwickelten er und seine Partner binokulare Fernrohre und zusammengesetzte Mikroskope.

Wenn man nur mit einem Auge schaut, erscheint alles, was man sieht, zweidimensional. Erst mit beiden Augen verarbeitet das Gehirn das Gesehene zu einem dreidimensionalen Bild. Ob der Mönch die Absicht hatte, mit dem Bau seiner Instrumente dreidimensionales Sehen zu ermöglichen, ist nicht völlig geklärt. Messungen an einem erhaltenen Instrument aus dem Deutschen Optischen Museum in Jena zeigten, dass das dortige Instrument Vergrößerungen zwischen 50X und 55X ermöglichte. Eine Besonderheit seiner Instrumente war die Möglichkeit der Anpassung an den Augenabstand und die Einstellmöglichkeit der Neigung beider Instrumente zueinander. Als Mikroskope zur räumlichen Betrachtung von Objekten haben sich die Instrumente von Chérubin d'Orléans zu seiner Zeit nicht durchgesetzt.

Heute werden Instrumente mit zwei optischen Systemen gebaut, um räumliches Sehen zu ermöglichen. An dem von Chérubin d'Orléans entwickelten Prinzip hat sich bis heute dagegen nichts geändert. Moderne Instrumente ermöglichen eine stufenlose Einstellung der Vergrößerung (Zoom-Optik[1]) bei konstantem Arbeitsabstand und sind häufig mit elektronischen Kameras kombiniert. Da der Arbeitsabstand konstant bleibt, muss man die Neigung der Mikroskope zueinander nicht ändern. Der häufig benutzte Begriff »binokular« für diese Mikroskope ist etwas irreführend. Streng genommen muss man sie Stereomikroskope nennen, da heute nahezu alle Mikroskope, den binokularen Einblick mit beiden Augen ermöglichen. Da man aber bei ihnen weiterhin nur durch ein Objektiv schaut, bleibt das Bild zweidimensional.

Stereomikroskope sind die am häufigsten im Museum verwendeten Instrumente und stehen nahezu auf jedem Arbeitsplatz. ∎

ABBILDUNG: ▶
Binokulares Mikroskop (eventuell auch Fernrohr) nach Cherubin d'Orléans. Kupferstich aus Cherubin d'Orleans, *La Vision Parfaite* [...], Paris 1677.

1 Zoom ist eine englische, lautmalerische Umschreibung für eine schnelle Bewegung, so wie etwa ›Husch‹ im Deutschen.

LITERATUR:
Blanchard 2013; Chérubin d'Orléans 1677

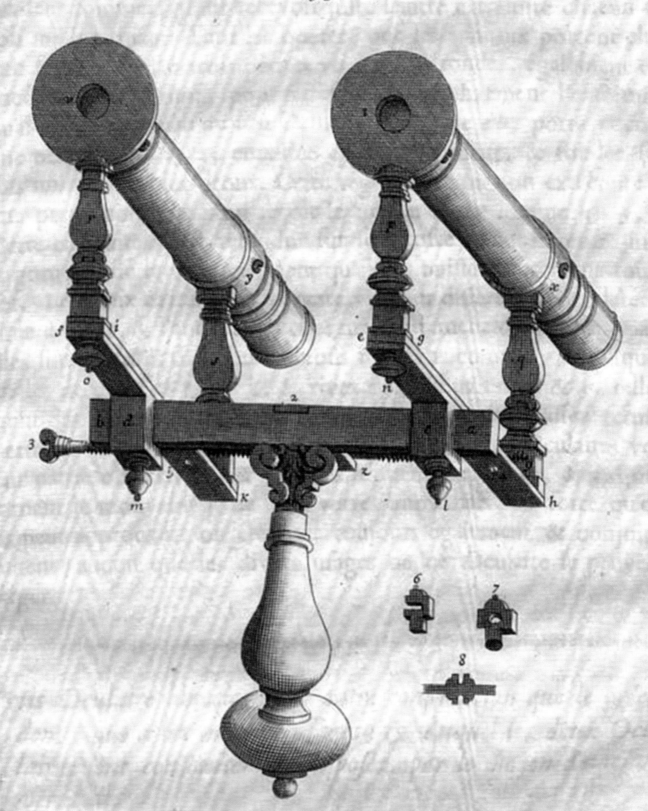

Erst Präparationslupe, dann Augen-mikroskop — die Westiensche Lupe

Detail mit Feintrieb und Herstellersignatur.

ABBILDUNG: ▶
Stereomikroskop Westiensche Lupe, ohne Nr., Hersteller Ernst Leitz Wetzlar, um 1900, Inv.-Nr. o/107.

1 https://de.wikipedia.org, aufgerufen am 08.03.2020

2 https://www.mikroskopie-forum.de, aufgerufen am 08.03.2020, https://de.wikipedia.org, aufgerufen am 08.03.2020.

3 Siehe Anmerkung 2.

LITERATUR:
Meyer-Schwickerath 1981

Charles Louis Chevalier war ein Pariser Optikingenieur in dritter Generation und hatte sich mit der Konstruktion von Objektiven für die frühe Fotografie und achromatisch korrigierten Optiksystemen einen Namen gemacht.[1] 1851 entwickelte der deutsch-österreichische Physiologe Ernst Wilhelm von Brücke unter Verwendung der achromatischen Optiksysteme von Chevalier und unter Hinzufügung einer zweiten Linse eine neue Präparierlupe. Diese Lupe ist unter dem Namen »Chevalier-Brückesche Lupe« oder kurz »Brückesche Lupe« bekannt geworden. Der Vorteil dieser Lupe ist ihr großer Arbeitsabstand. Das Bild ist seitenrichtig und aufgerichtet. Allerdings ist die Vergrößerung — etwa vierfach — nur gering. Franz Eilhard Schulze, der 1871 an der Universität Rostock und 1884 an der Berliner Universität zoologische Institute gründete, regte während seiner Rostocker Zeit den Hof- und Universitätsmechaniker Heinrich Westien an, aus zwei Brückeschen Lupen eine binokulare Präparierlupe zu bauen, die räumliches Sehen ermöglichte. Der ebenfalls in Rostock wirkende Augenarzt Carl Wilhelm von Zehender erkannte das Potenzial des neuen Geräts und setzte es — in horizontaler Anordnung — für Augenuntersuchungen ein (Meyer-Schwickerath 1981). In der Augenheilkunde erhielt das Instrument den Namen »Zehender-Westiensche binokulare Lupe«.

Ab 1897 bot Leitz das Instrument als »Binoculare Präparierlupe« für 45 Reichsmark an.[2] Das Instrument im Museum ist mit »E. Leitz Wetzlar« signiert, jedoch wie auch die anderen Präparationsmikroskope von Leitz nicht nummeriert. Es gleicht den Abbildungen und Beschreibungen aus dem Leitzkatalog von 1897.[3] Der Arbeitsabstand beträgt ca. 18 cm; das Gesichtsfeld hat einen Durchmesser von 4 cm. Der Augenabstand lässt sich über ein Gelenk zwischen den beiden Lupen ändern. Das Mikroskop selbst ist drehbar auf dem Auslegerarm angebracht. Die grobe Scharfstellung erfolgt über das ausziehbare Stativ, die Feineinstellung über eine Zahnstange direkt an der Mikroskophalterung. Um die Stabilität des Instruments zu gewährleisten, ist der gusseiserne Fuß mit Blei ausgegossen. Das Mikroskop zeigt deutliche Benutzungsspuren. ■

Die Idee eines Amerikaners wird in Jena realisiert — das ›Stemi‹ von Zeiss

Wechselobjektiv mit Firmenlogo und den Nummern 15961 und 15962.

1 Greenough war der Sohn des berühmten amerikanischen Bildhauers Horatio Greenough. Dieser gilt als der erste amerikanische Bildhauer. Er schuf unter anderem 1843 ein Reiterstandbild Washingtons, das sich jetzt im Kapitol der Vereinigten Staaten befindet.

2 Die Geschichte der Entwicklung des ersten Stereomikroskops ist ausführlich von Berndt-Joachim Lau und R. Jordan Kreindler beschrieben worden: http://www.microscopy-uk.org.uk, aufgerufen am 07.03.2020.

3 Siehe: *Ein Mönch beschreibt das räumliche Sehen — Stereomikroskope*, S. 62 und *Erst Präparationslupe, dann Augenmikroskop — die Westiensche Lupe*, S. 64.

4 Siehe: *Aufrecht und auf der richtigen Seite — ein Präparationsmikroskop mit Porroprisma*, S. 60.

Zoologen und hier insbesondere Entomologen empfanden die Zweidimensionalität der herkömmlichen Präparationsmikroskope als schwerwiegenden Mangel. Zwar wurden bereits Mitte des 19. Jahrhunderts durch Francis H. Wenham binokulare Mikroskope konstruiert, die aber kein wirkliches räumliches Sehen ermöglichten. Sie besaßen nur ein Objektiv. Der amerikanische Zoologe Horatio Saltonstall Greenough[1] kam auf die Idee, zwei getrennte, in einem Winkel zueinander angeordnete Mikroskope zu einem Gerät zu vereinigen.[2] Die Idee ist wahrscheinlich in Gesprächen mit dem ebenfalls amerikanischen Zoologen Charles Otis Whitman bei einem Besuch in Chicago entstanden. Greenough hatte, bevor er sich der Zoologie zuwandte, am Boston Tech, dem heutigen Massachusetts Institute of Technology, studiert. Das befähigte ihn, sich intensiv mit dieser Idee zu befassen. Doch fehlte es ihm an tieferen Kenntnissen in der Optik und in der Konstruktion von Mikroskopen. Greenough lebte Anfang der 90er Jahre des 19. Jahrhunderts in Paris und arbeitete am dortigen Muséum national d'Histoire naturelle. Ob er die Mikroskope von Chérubin d'Orléans und die Zehender-Westiensche binokulare Lupe kannte, ist nicht nachweisbar.[3]

Er wandte sich mit seiner Idee am 4. Juli 1892 an Ernst Abbe in Jena. Abbe war zu dieser Zeit Geschäftsführer der Zeiss-Werke. Zeiss war dank seines wissenschaftlichen Wirkens das führende optische Unternehmen nicht nur in Deutschland. Weil sich Abbe zu einem Erholungsurlaub in der Schweiz befand, antwortete ihm Siegfried Czapski, der engste Mitarbeiter Abbes. In seinem Antwortschreiben gab Czapski Hinweise, die bei der Herstellung zu berücksichtigen wären. Seine Bemerkungen bezogen sich auf den Winkel, den die beiden Mikroskope einschließen sollten, den Öffnungswinkel der Objektive und die erreichbare Tiefenschärfe. Czapski beschäftigte sich auch mit früheren Versuchen, Stereomikroskope zu konstruieren und analysierte deren Mängel. Abbe sagte zu, die Kosten für die Herstellung eines Prototyps nach Greenoughs Idee zu tragen. Czapski übernahm die technische Realisierung. Zur seitenrichtigen Aufrichtung des Bildes wurde jedes der beiden um etwa 15 Grad zueinander geneigten Teilmikroskope mit einem Porroprisma versehen.[4] Den Prototyp stellte man im März 1893 fertig. Das erste kommerzielle Greenough-Stereomikroskop wurde 1897 hergestellt; ab 1898 kam es in den Handel. Zeiss vertrieb die Mikroskope unter dem Namen ›Stemi‹ (**Ste**reo**mi**kroskop) und bewarb es mit dem Slogan »Konzipiert von Greenough, realisiert von Zeiss«. Es wurde über viele Jahre nahezu unverändert gebaut. Die Entwicklung der Stereomikroskope ist ein gutes Beispiel dafür, wie die optische Industrie auf die Anregungen und Wünsche der Wissenschaftler reagiert hat und immer noch reagiert. Ein weiteres Gerät, das Zeiss auf Anregung von Greenough produzierte, war der sogenannte Prismenrotator nach Greenough, ein Zusatzgerät für Mikroskope, die eine Beobachtung von kleinen Objekten (< 5mm) aus verschiedenen Richtungen erlaubte, ohne es zu bewegen oder zu drehen (Uhmann 1923/24).

Firmenlogo auf einem Wechselobjektiv mit den Nummern 14345 und 14346.

Das Zeiss-Mikroskop des Museums stammt wahrscheinlich aus den 20er Jahren. Es ist komplett mit Zubehör und Aufbewahrungskasten erhalten. Es existieren verschiedene Objektive und Okulare. Die jeweils zusammengehörigen Objektive sind starr miteinander verbunden. An den Mikroskoptisch lassen sich hölzerne Handauflagen anbringen. Zur Untersuchung größerer Objekte dient ein zweites, kleineres Hufeisenstativ, das direkt auf das zu untersuchende Objekt aufgesetzt werden kann.

Stereomikroskope entwickelten sich schnell zum wichtigsten Arbeitsinstrument organisch arbeitender Zoologen und Paläontologen. Auch für Präparatoren und Restauratoren sind sie bis heute unerlässlich. In der Bildersammlung des Museums befindet sich eine Fotografie, die den Modellbauer Alfred Keller bei präparatorischen Vorarbeiten zu einem seiner Modelle zeigt. Er nutzt ein Stereomikroskop vom Greenough-Typ. Die Firma lässt sich nicht genau erkennen.[5] In der Mineralogie dienen sie zur Untersuchung kleiner Mineral- und Kristallaggregate.

Kurz nach Zeiss brachten fast alle großen Mikroskophersteller ähnliche Modelle auf den Markt und produzierten sie teilweise in nur wenig veränderten Formen bis in die 60er Jahre des 20. Jahrhunderts.

Zur Sammlung des Museums gehören mehrere Stereomikroskope, u. a. von der Firma W. & H. Seibert Wetzlar, die dem oben erwähnten Mikroskop sehr ähnlich sehen. ∎

ABBILDUNG: ▶
Stereomikroskop vom Greenough-Typ. Stativ und Zubehör sind einzeln nummeriert, Hersteller Carl Zeiss Jena, wahrscheinlich 1920er Jahre, Inv.-Nr. o/090

5 Siehe: *Vom Sonnenmikroskop zum Computertomographen – Instrumente in der wissenschaftlichen Arbeit am Museum für Naturkunde*, S. 8.

LITERATUR:
Meyer-Schwickerath 1981

Stereomikroskope vom Grenough- und Abbe-Typ — das PM XVI und das SM XX von Carl Zeiss Jena

Citoplast bzw. SM XX (Abbe-Typ), Nr. 366705, Hersteller Carl Zeiss Jena, um 1955, ohne Inv.-Nr.

Gravur mit Firmenlogo, Gerätenummer, Qualitätssiegel der DDR und Inventarnummer des Zoologischen Museums.

Zeiss baute die Stereomikroskope von Greenough-Typ bis nach dem Zweiten Weltkrieg. Zwar änderte sich das Design — so wurden die beiden Objektive zu einem verkleideten Wechselteil zusammengefasst und eine fest installierte elektrische Lampe integriert —, das Grundprinzip änderte sich aber nicht. Der Vorteil des Gerätetyps sind ein niedriger Preis und eine gute Abbildungsqualität. Der Nachteil ist die schwierige Anbringung von Zusatzeinrichtungen für Mikrofotografie und von Zeichentuben.

Aus diesem Grund entwickelte man bei Zeiss zwischen 1938 und 1941 ein Stereomikroskop, das ein anderes Prinzip nutzte. Abbe hatte berechnet, dass man den Stereoeffekt auch erreichen kann, wenn man bei einem Objektiv mit großem Durchmesser nur die Randstrahlen nutzt. Man erreicht so einen Stereowinkel von 11 Grad. Das Abbe- oder Teleskop-Prinzip hatte den Vorteil, dass Vergrößerungswechsel leicht durch ein in einer Walze angebrachtes Fernrohrsystem erreicht werden konnten. Das ermöglichte einen von der Vergrößerung unabhängigen konstanten Arbeitsabstand. Außerdem erleichterte die schräge Anordnung der Okulare das Arbeiten unter dem Mikroskop. Zusatzeinrichtungen konnten leichter angebracht werden. Nachteile waren der hohe Preis und die geringfügig schlechtere Abbildungsqualität. Das Mikroskop bekam den Namen Citoplast.[1]

Die Serienfertigung dieses Mikroskops begann in beiden deutschen Zeiss-Werken erst nach dem Zweiten Weltkrieg. Beide Mikroskope sahen nahezu gleich aus. In Jena wurde der ursprüngliche Name Citoplast in den frühen 50er Jahren in SM XX geändert. In Oberkochen wurde dieser Name nie verwendet.

In Jena wurden beide Mikroskoptypen als PM XVI für den Greenough-Typ und als Citoplast später SM XX für den Abbe-Typ parallel produziert. 1951 kostete die Grundausstattung des PM XVI 617 DM (Ost) und das Citoplast 946 DM (Zeiss 1951). Später wurde die Produktion des SM XX nach Rathenow in die dortigen Optischen Werke verlagert und sie bekamen das typische Zeiss-Grau. Das Museum besitzt von beiden Typen eine größere Stückzahl. ∎

ABBILDUNG: ▶

Stereomikroskope von Carl Zeiss Jena,

links: Typ PM XVI (Greenough-Typ), Nr. 3387000, wahrscheinlich Anfang der 1950er Jahre, ohne Inv.-Nr.,

rechts: Citoplast bzw. SM XX (Abbe-Typ), Nr. 366705, um 1955, ohne Inv.-Nr.

1 Cito bedeutet schnell und plast steht für plastisch; der Name bezieht sich also auf die schnelle Wechselmöglichkeit der Vergrößerung.

LITERATUR:

Zeiss 1951

Schneiden, Quetschen, Sägen, Schleifen – Präparationstechniken für die Mikroskopie

Die meisten Objekte müssen für die mikroskopische Untersuchung vorbereitet werden. Besonders für die Durchlichtmikroskopie an biologischen Proben benötigt man durchsichtige Präparate. Die einfachste Form ist, das Präparat zwischen zwei Glasplatten platt zu quetschen. Dabei werden zwar viele Strukturen verändert oder sogar zerstört, für einige Untersuchungen genügt diese Methode jedoch. Als 1866 im Königreich Preußen die obligatorische Trichinenschau eingeführt wurde, musste das Fleisch jedes geschlachteten Schweins möglichst schnell untersucht werden. Dazu wurden an vorgeschriebenen Stellen Proben entnommen, zwischen zwei dicken Glasplatten platt gequetscht und unter einem Mikroskop untersucht. Die Methode war sehr erfolgreich, so dass die Zahl der Erkrankungen auf nahezu null sank.

Für viele Untersuchungen ist diese Methode jedoch zu brutal. Schon in der Frühzeit der Mikroskopie ging man dazu über, dünne Schnitte herzustellen; zuerst mit einem scharfen Messer, am besten mit einem Rasiermesser. Bei weichen Proben funktioniert das sehr gut. Für festere Proben, z. B. Holz, wurde von George Adams junior und Alexander Cumming bereits 1770 ein spezielles Gerät erfunden (Hill 1770, Tafel 1). Im Laufe der Zeit wurden immer perfektere Geräte zur Herstellung dünner Schnitte entwickelt. Die Geräte wurden bis 1839 Schneidapparate (cutting engine) genannt, bis Charles Louis Chevalier[1] den Begriff Mikrotom[2] prägte. Die Schnittdicken, die man mit modernen Mikrotomen erreichen kann, liegen zwischen 0,1 und 100 μm.[3] Um dünne Schnitte zu ermöglichen, müssen die Objekte eingebettet werden. Die Einbettungsmethoden entwickelten sich parallel mit der Entwicklung der Mikrotome. Das klassische Einbettungsmedium war und ist Paraffin. Dafür müssen die Proben aufwendig fixiert und entwässert werden. Typische Einbettmedien sind heute außerdem Polyethylenglykol, Celloidin, Gelatine, Agar und Kunstharze. Manche Präparate werden auch vor dem Schneiden schockgefroren.

Für das Sichtbarmachen von speziellen Strukturen werden die Proben häufig eingefärbt und für die dauerhafte Aufbewahrung fixiert.

Von sehr harten Proben wie Fossilien und Gesteine werden mikroskopische Präparate für die Durchlichtmikroskopie mithilfe von Sägemikrotomen oder durch Dünnschleifen hergestellt. Für die Auflichtmikroskopie mit hoher Vergrößerung nutzt man polierte Anschliffe. ■

ABBILDUNG: ▶
Mikrotome dienten in der Frühzeit der Mikroskopie vor allem zum Schneiden harter Materialien wie z. B. Holz. Zu den Erfindern zählen George Adams junior und Alexander Cumming. Kupferstich aus John Hill, *The Construction of Timer, from its early growth; Explained by Microscope*,[…], London 1770.

1 Siehe: *Erst Präparationslupe, dann Augenmikroskop – die Westiensche Lupe*, S. 64.

2 Mikro stammt vom griechischen Wort für klein (μικρός) und tom vom ebenfalls griechischen tome (τομή) für schneiden ab.

3 0,0001–0,1 mm.

LITERATUR:
Hill 1770

PRÄPARATIONSTECHNIKEN

THE CUTTING ENGINE

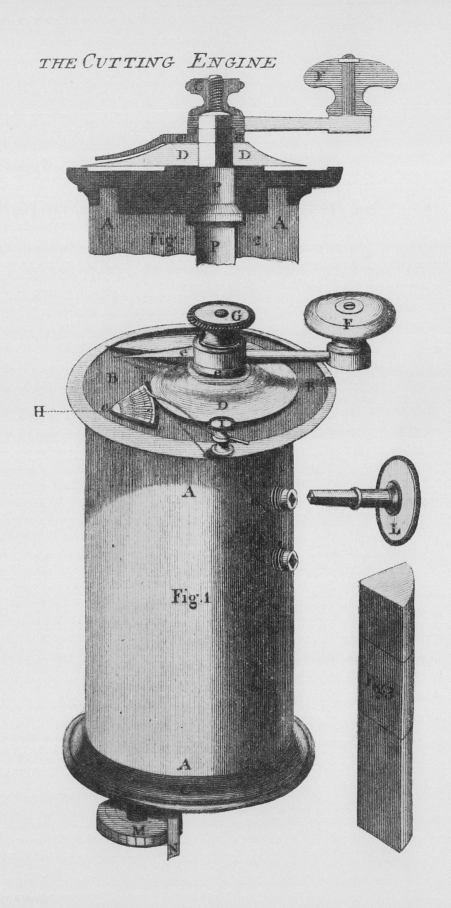

Mit scharfer Klinge —
Schlitten und Rotationsmikrotome

Schlittenmikrotom, Nr. 3317, Hersteller M. Schanze Leipzig, um 1900, Inv.-Nr. o/028.

Detail mit dem Mechanismus zum definierten Anheben des Präparats.

ABBILDUNG: ▶
Mikrotome

links: Schlittenmikrotom, Nr. 3317, Hersteller M. Schanze Leipzig, um 1900, Inv.-Nr. o/028,

rechts: Rotationsmikrotom, Modell 39008, Nr. 1305, Hersteller wahrscheinlich E. Zimmermann Leipzig, 30er Jahre, Inv.-Nr. o/093.

Heute existiert eine Vielzahl von Mikrotomtypen. Bis auf die Lasermikrotome und Sägemikrotome arbeiten sie alle nach dem gleichen Prinzip: Eine extrem scharfe Klinge schneidet dünne Scheiben von einer zumeist eingebetteten Probe. Dabei kann entweder das Messer oder die Probe bewegt werden. Der Vortrieb erfolgt durch Mikrometergewinde oder für extrem dünne Schnitte unter Ausnutzung der kontrollierten Längenausdehnung des Präparatehalters durch Erwärmung. Aus Stabilitätsgründen sind Mikrotome sehr massiv und schwer. Das Museum besitzt mehrere historische Mikrotome.

Bei dem Schlittenmikrotom der Firma M. Schanze, Leipzig, wird die Klinge auf einer sehr planen Bahn mit einer kurbelbetriebenen Gewindespindel über die Probe bewegt. Die Probe steht fest und wird für jeden Schnitt mit einem Mikrometergewinde um einen Betrag angehoben. Klinge und Probe können geneigt und gedreht werden. Das Mikrotom trägt die Nummer 3317. Die Mikrotome von E. Schanze wurden in wenig veränderter Form über einen sehr langen Zeitraum gebaut.

Das abgebildete Rotationsmikrotom Modell 39008, Nr 1305, stammt wahrscheinlich von der Firma E. Zimmermann. Bekannt geworden ist die 1887 von Ernst Zimmermann in Leipzig gegründete Firma durch ihre psychologischen und physiologischen Apparate für den in Leipzig wirkenden Physiologen, Psychologen und Philosophen Wilhelm Maximilian Wundt. Die Firma bot auch Mikrotome an und hatte später Produktionsstätten in Leipzig und Berlin. In der DDR ist die Firma im VEB Medizintechnik Leipzig aufgegangen.

Bei Rotationsmikroskopen steht die Klinge still und die Probe wird mit einer Kurbel über die Klinge bewegt. Bei jeder Kurbelumdrehung wird die Probe um einen definierten Betrag gehoben. Die geschnittenen Proben können automatisch auf einem Band abgelegt werden. Dadurch ist das Mikrotom besonders für Serienschnitte geeignet. Um eine möglichst gleichmäßige Drehbewegung zu gewährleisten, ist die Kurbel mit einer sehr schweren Schwungmasse versehen.

Mikrotomklingen sind meist sehr stabil gebaut und extrem scharf. Vor jeder Benutzung mussten sie auf einem Streichriemen abgezogen weder. Das Nachschleifen erfolgte in speziellen Werkstätten. Heute werden meist Einwegklingen benutzt. ∎

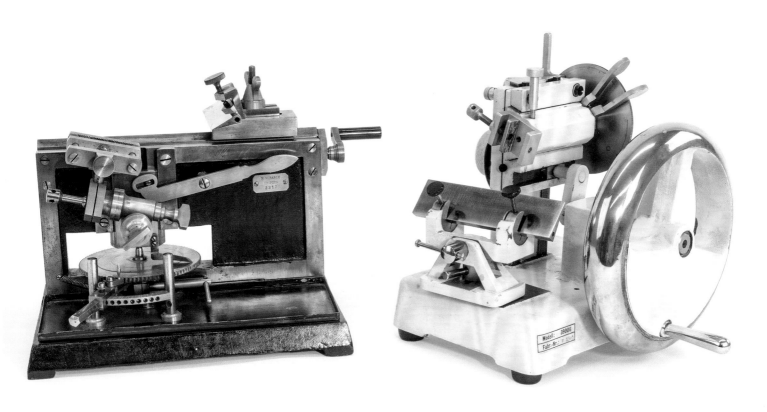

Spezielle Formate – Mappen und Kästen für Präparate

V iele der hergestellten Präparate waren mit Objekten aus den Sammlungen verbunden. Sie wurden so konserviert, damit sie sich dauerhaft aufbewahren ließen. Für die langfristige Aufbewahrung wurden zumeist Kästen verwendet, in die Objekte gesteckt werden konnten. Für die Aufbewahrung während der Untersuchung verwendete man gern Mappen, in die die Präparate eingelegt wurden. Da eine liegende Aufbewahrung Vorteile gegenüber einer stehenden hat, wurden die Kästen so in die Regale eingeordnet, dass die Präparate liegen. Oder man hat die Mappen zur dauerhaften Unterbringung genutzt. Die abgebildete Mappe stammt von der Münchner Firma Dr. A. Schwalm. Die Firma für Laboratoriumsbedarf und Generalvertretung der Firma Ernst Leitz Wetzlar für Mikroskope und deren Nebenapparaten befand sich in der Sonnenstraße 10. Die Mappe ist wahrscheinlich um 1920 gefertigt worden. Auf dem Foto, das Alfred Keller beim Mikroskopieren zeigt, nutzt er Mappen von diesem Typ.[1]

Auch Gesteinspräparate, sogenannte Dünnschliffe, wurden in Kästen aufbewahrt. Die in großer Stückzahl im Museum vorhandenen Kästen sind für das spezielle Format dieser Gesteinsschliffe eingerichtet und mit goldverziertem grünem Papier beklebt. ■

Objektträgermappe für biologische Präparate, Hersteller Dr. A. Schwalm, München, um 1920, Inv.-Nr. o/057.

Die Mappe kann 20 biologische Präparate aufnehmen.

Die Klammern zum Verschließen der Mappen haben die Form von Jakobsmuscheln.

ABBILDUNG: ▶
Aufbewahrungskasten für Gesteinsdünnschliffe, Hersteller unbekannt, um 1900, Inv.-Nr. o/069.

Die Größe der Gesteinsdünnschliffe ist genormt. Sie sind kleiner als biologische Präparate. Die speziellen Kästen sind zumeist mit Angaben über den Inhalt versehen.

1 Siehe: *Vom Sonnenmikroskop um Computertomographen – Instrumente in der wissenschaftlichen Arbeit am Museum für Naturkunde*, S. 8.

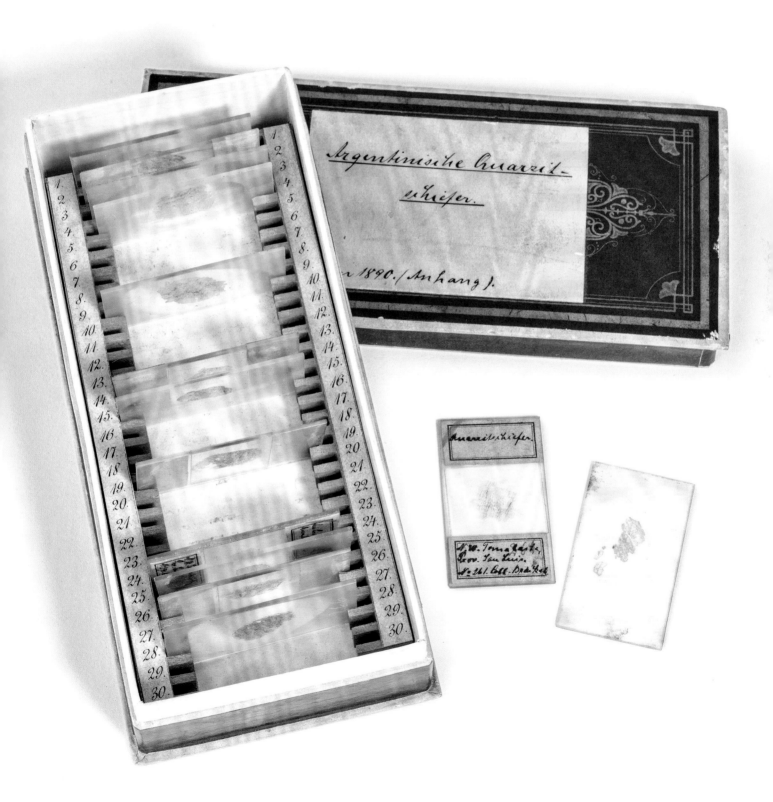

Erkenntnisse mit Methoden der Chemie und der Physik — die Mineralogie

Die Mineralogie ist die Materialwissenschaft unter den Geowissenschaften. Sie nimmt eine Brückenstellung zwischen der Geologie, der Chemie, der Physik und der Werkstoffwissenschaft ein. Zur Untersuchung von Mineralen nutzt sie unter anderem Methoden der Chemie und der Physik.

In der Geschichte des Museums haben in der Mineralogie verschiedene Forschungsrichtungen im Vordergrund gestanden. Christian Samuel Weiss, der erste Direktor des Mineralogischen Museums nach Gründung der Berliner Universität, verfolgte in seinen kristallographischen Forschungen einen theoretischen Ansatz. Sein Nachfolger Gustav Rose benutzte das ganze Spektrum chemischer, kristallographischer und physikalischer Methoden für seine Untersuchungen an Mineralen. Roses vier Nachfolger[1] bis 1934 waren auch stark kristallographisch und kristallphysikalisch orientiert. Mit der Berufung Paul Ramdohrs 1934 schlug die Forschung eine neue Richtung ein: die Untersuchung von Erzmineralen und ihren Paragenesen.[2] Unter Will Kleber, der 1952 den Lehrstuhl übernahm, stand wieder die Kristallographie im Mittelpunkt. Mit der 3. Hochschulreform in der DDR 1968 wurde die Sammlung ausgegliedert und mit anderen Sammlungen zum Museum für Naturkunde vereinigt. Das Institut wurde als Bereich Kristallographie ein Teil der Physik.

Entsprechend diesen Forschungsrichtungen sind auch die erhalten gebliebenen Instrumente für kristallographische und chemische, aber auch petrographische und lagerstättenkundliche Untersuchungen genutzt worden. ∎

ABBILDUNG: ▶
Bergleute beim Aufsuchen von Erzlagerstätten. Holzschnitt aus Georgius Agricola, *De re metallica libri XII*, Basel 1561.

1 Martin Websky, Carl Klein, Theodor Liebisch, Arrien Johnsen.
2 Überblick zur Geschichte der Mineralogischen Sammlungen gibt Schmitt 2019a. Prträt Paul Ramdohr siehe S. 10

LITERATUR:
    Agricola 1561; Schmitt 2019a

Einfach und doppelt —
Polarisationsmikroskope und Drehapparate

Im Jahr 1670 veröffentlichte der dänische Wissenschaftler Erasmus Bartholin ein 60-seitiges Buch über den isländischen Calcit (Bartholin 1670). Er untersuchte an der Kristallform physikalische, insbesondere optische und chemische Eigenschaften. Unter anderem stellte er fest, dass man durch den untersuchten Kristall alles doppelt sieht und dass bei senkrechtem Auftreffen eines Lichtstrahls auf den Kristall dieser trotzdem gebrochen wird. Große klare Spaltstücke von Calcit (deutsch Kalkspath[1]) nennt man deswegen bis heute isländischen Doppelspath.

Der Erste, der diesen Effekt deuten konnte, war der niederländischer Astronom, Mathematiker und Physiker Christiaan Huygens. Er erkannte, dass sich die beiden Strahlen mit unterschiedlicher Geschwindigkeit und unterschiedlicher Richtung durch den Kristall bewegen. Er nannte diese Erscheinung deswegen Doppelbrechung (Lommel 1890). Étienne Louis Malus, ein französischer Ingenieur und Physiker, entdeckte Anfang des 19. Jahrhunderts, dass das Licht der beiden Lichtstrahlen polarisiert ist, d. h., das elektromagnetische Feld schwingt nur in einer Ebene senkrecht zur Ausbreitungsrichtung und die beiden Schwingungsebenen stehen senkrecht aufeinander. Unter bestimmten Bedingungen können sich die beiden Strahlen überlagern und interferieren, also auch auslöschen.

Die Physiker Augustin Jean Fresnel und Dominique François Jean Arago[2] konnten dieses Phänomen deuten und fassten ihre Ergebnisse in vier Aussagen zur Interferenz von polarisiertem Licht zusammen, den Fresnel-Arago-Gesetzen. Diese Gesetze sind die Grundlage für die Untersuchung der optischen Eigenschaften von Mineralen. Nicht lange danach wurden die ersten Instrumente zur Untersuchung der optischen Eigenschaften von Kristallen entwickelt und Mineralogen wandten wiederum diese Erkenntnisse zur Untersuchung von Mineralen und von Gesteinen an. Theoretische Physiker wie der Schüler von Christian Samuel Weiss, Franz Ernst Neumann, arbeiteten an einer Theorie der Doppelbrechung und ihrer mathematischen Beschreibung. ∎

ABBILDUNG: ▶
Die Doppelbrechung ist eine wichtige Größe bei der Untersuchung von Kristallen. Doppelspatspaltstück, Abbildung aus Max Bauer, *Edelsteinkunde*, Leipzig 1909.

1 Kalkspath ist die alte, traditionelle Schreibweise, heute wird es eher ohne th geschrieben.
2 Arago war ein Freund von Alexander von Humboldt.

LITERATUR:
Bartholin 1670; Bauer 1909; Lommel 1890

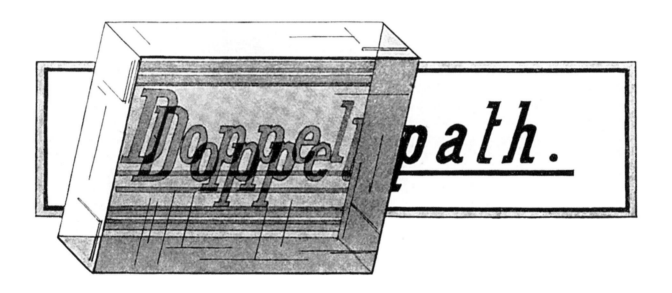

Polarisationsapparat nach Nörrenberg, ohne Nr., Hersteller F. Pellin, Paris, nach 1912, Inv.-Nr. o/040.

Detail mit Teilkreis zur Analysatordrehung und Herstellersignatur.

Polarisationsapparat nach Nörrenberg, ohne Nr., Hersteller F. Pellin, Paris, nach 1912, Inv.-Nr. o/040.

Detail mit Teilkreis zur Drehung des Polarisators nach Brewster.

ABBILDUNG: ▶
Polarisationsapparate

links: Polarisationsapparat nach Nörrenberg, ohne Nr., Hersteller F. Pellin, Paris, nach 1912, Inv.-Nr. o/040,

rechts: Glasplattenpolarisator nach Brewster als Zusatzgerät zu einem Mikroskop, ohne Nr., Hersteller unbekannt, wahrscheinlich Ende des 19. Jahrhunderts, Inv.-Nr. o/064.

1 Benannt nach David Brewster.

2 Benannt nach William Nicol.

3 Der Name Nörrenberg wird häufig auch mit m, also Nörremberg, geschrieben. Recherchen ergaben, dass die Schreibweise mit n dem Eintrag im Taufbuch entspricht. Vgl. https://de.wikipedia.org, aufgerufen am 13.11.2020.

4 *Revue de la métallurgie*, Nr. 4, April 1923, S. 270.

Brewster-Winkel und Nicolsches Prisma — der Polarisationsapparat nach Nörrenberg

Gemäß den Fresnel-Arago-Gesetzen benötigt man für die Untersuchung der optischen Eigenschaften von Kristallen polarisiertes Licht, d. h. Licht, das nur in einer Ebene senkrecht zur Ausbreitungsrichtung schwingt. Man kann polarisiertes Licht auf verschiedene Weise erzeugen:

- Unter einem bestimmten Winkel, dem sogenannten Brewster-Winkel[1], reflektiertes Licht ist polarisiert.
- Man nutzt das polarisierte Licht eines der beiden gebrochenen Strahlen eines doppelbrechenden Kristalls. Das bekannteste Zusatzteil zu optischen Instrumenten, das auf diese Weise polarisiertes Licht erzeugt, ist das Nicolsche Prisma[2]. Zur Herstellung benötigt man große, perfekte Calcitkristalle, die praktisch nicht mehr verfügbar sind. Es ist bisher nicht gelungen, Calcitkristalle der erforderlichen Qualität zu züchten.
- Man nutzt den Dichroismus. Viele Kristalle absorbieren die beiden Komponenten von linear polarisiertem Licht stark asymmetrisch, d. h. eine der Komponenten wird stark absorbiert, die andere im Wesentlichen durchgelassen. Auf diesem Prinzip beruht die Turmalinzange, bei der man den Dichroismus von Tumalinkristallen ausnutzt, und moderne Polarisationsfilter.

Eines der ersten Instrumente zur Untersuchung von Kristallen im polarisierten Licht erfand Johann Gottlieb Christian Nörrenberg[3], von 1833 bis 1851 Professor für Physik, Mathematik und Astronomie an der Universität Tübingen. Polarisationsapparate nach Nörrenberg dienten anfangs der Untersuchung der optischen Eigenschaften von Kristallen, später eher zu deren Demonstration. Das polarisierte Licht wird unter Ausnutzung des Brewster-Winkels durch Reflexion an einer Glasplatte erzeugt; analysiert wird es mit einem Nicolschen Prisma.

Das Instrument des Museums ist mit »F. Pellin, Paris« signiert. Philibert Pellin übernahm 1886 in Paris eine Werkstatt für wissenschaftliche Instrumente, die ab 1912 von seinem Sohn Felix weitergeführt wurde.[4] Die Signatur legt die Vermutung nahe, dass dieses Instrument aus der Zeit stammt, in der Félix Marie Philibert Pellin die Werkstatt führte.

In Mikroskopen wurden zur Erzeugung polarisierten Lichts anfangs vor allem Nicolsche Prismen genutzt, heute kommen ausschließlich Polarisationsfilter zum Einsatz. Es gab aber auch Zusatzteile zu Mikroskopen, die den Brewster-Winkel nutzten. Um die Ausbeute zu erhöhen wurden die Glasplatten zu Stapeln angeordnet. ∎

Zirkel, Vogelsang und Rosenbusch – die Polarisationsmikroskopie

Fast alle Minerale, die ein Gestein aufbauen, werden bei 0,03 bis 0,02 mm (30 bis 20 μm) lichtdurchlässig. Um nicht nur den Mineralbestand der Gesteine festzustellen, sondern auch deren gegenseitige Anordnung im Mikroskop untersuchen zu können, muss man sie zu Dünnschliffen präparieren. Der Brite Henry Clifton Sorby war der Erste, der Dünnschliffe systematisch zur Untersuchung von Gesteinen einsetzte. Nach Deutschland gelangte die Methode durch Hermann Vogelsang und dessen Schwager Ferdinand Zirkel. Vor allem Zirkel erkannte anfangs nicht, welchen Vorteil die Untersuchungen im polarisierten Licht bringt. Er sah den Vorteil in der Untersuchung der Struktur[1] der Gesteine. Er schreibt 1863: »Wenn ich dabei hauptsächlich die Structur der Gesteine sowohl, als die der constituirenden Mineralien in's Auge fasste, weniger aber die Entscheidung, welches die erkennbaren Elemente seien, zu geben trachtete, so geschah das aus dem Grunde, weil das Mikroskop vorzüglich für die Untersuchung der ersteren Verhältnisse seine Dienste leistet, bei der der letzteren indessen nur sehr geringe Hilfe verspricht: Labrador, Oligoklas und Orthoklas, Augit und Hornblende, Mineralien, deren Erkennung zu den wichtigsten Aufgaben der Petrographie gehört, lassen sich unter dem Mikroskop in den meisten Fällen nicht von einander unterscheiden« (Zirkel 1863, S. 225).

Karl Heinrich Ferdinand Rosenbusch führte dann die systematische mikroskopische Untersuchung an Gesteinen ein und schuf 1873 mit seinem Lehrbuch *Mikroskopische Physiographie der Mineralien und Gesteine* ein Standard- und Nachschlagewerk, das über viele Jahrzehnte in immer neuen und ergänzten Auflagen erschien (Rosenbusch 1873). Er war zu dieser Zeit Professor für Petrographie und Mineralogie an der Universität Straßburg und danach an der Ruprecht-Karls-Universität Heidelberg. Für seine Untersuchungen nutzte Rosenbusch ein umgebautes Mikroskop von Carl Kellner aus Wetzlar.[2] Für anspruchsvolle Untersuchungen reichte dies jedoch nicht. In Zusammenarbeit mit der Firma Rudolf Fuess in Berlin[3] entwickelte Rosenbusch das erste spezielle Mikroskop für petrographische Untersuchungen. Gebaut wurde es 1875. Diese sogenannten Rosenbusch-Mikroskope wurden bis 1885 gefertigt. Aus deren Nummerierung geht hervor, dass höchstens 200 Mikroskope dieser Bauart produziert wurden. Die Rosenbusch-Mikroskope waren noch sehr experimentell. Ab 1885 kamen aus der Werkstatt von Fuess Polarisationsmikroskope in verschiedenen Modellen einer neuen Bauart. Bis 1930 baute Fuess ungefähr 4000 Polarisationsmikroskope (Medenbach 2014).

Auch andere Mikroskophersteller wollten an diesem lukrativen Markt teilhaben. Im Jahr 1882 konnte Ernst Leitz für die Geowissenschaften die ersten zwei einfachen Polarisationsmikroskope auf den Markt bringen. Sie wurden zu Vorläufern des ersten großen Polarisationsmikroskops, das er 1885 gemeinsam mit seinem Betriebsleiter für die Mechanik, Richard Kuntz, für geologische und mineralogische Untersuchungen entwickelte.[4] 1912 trat Max Berek in die Firma Leitz ein. Berek hatte bei Theodor Liebisch in Berlin promoviert. Er verbesserte die Mikroskope von Leitz

ABBILDUNG: ▶
Polarisationsmikroskope von Ernst Leitz Wetzlar aus 25 Jahren,

links: Polarisationsmikroskop, Nr.15.6910, Hersteller Ernst Leitz Wetzlar, Auslieferung 28. August 1913, Inv.-Nr. o/103,

Mitte: Polarisationsmikroskop, Nr. 25.6091, Hersteller Ernst Leitz Wetzlar, Auslieferung 23. März 1934, Inv.-Nr. o/102,

rechts: Polarisationsmikroskop, Nr. 259995, Hersteller Ernst Leitz Wetzlar, 1928, Inv.-Nr. o/031.

[1] In der modernen Nomenklatur: Gefüge.

[2] Siehe: *Auf dem Weg zur Weltfirma – einfache Mikroskope von Belthle und Leitz*, S. 26f. und *Schärfe durch Schrägstellen – ein Mikroskop von Belthle & Rexrot*, S. 40.

[3] Siehe: *Hightech aus Berlin-Steglitz – der Großer Achsenwinkelapparat*, S. 92.

[4] https://www.ernst-leitz.com, aufgerufen am 20.03.2020.

MINERALOGIE - DOPPELBRECHUNG

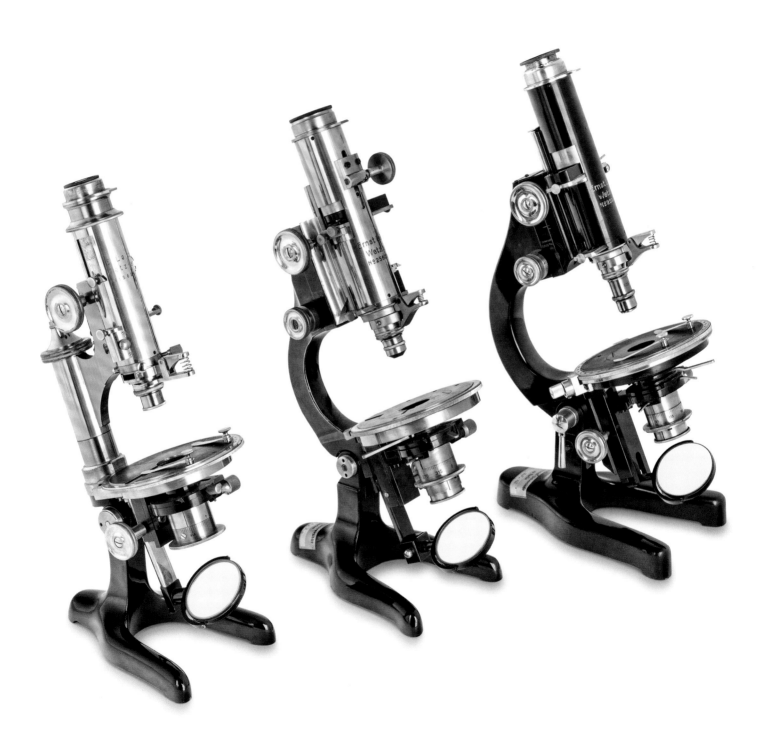

und konstruierte viele Zusatzgeräte; am bekanntesten ist der nach ihm benannte Berek-Kompensator. Zusammen mit Friedrich Wilhelm Berthold Rinne veröffentlichte er 1934 ein Lehrbuch zur Polarisationsmikroskopie, das in mehreren Auflagen erschien und mit dessen Hilfe viele Generationen von Mineralogen das Mikroskopieren erlernten (Rinne & Berek 1934).

Die Polarisationsmikroskope von Leitz entwickelten sich schnell zum Standardinstrument an den mineralogischen Instituten. Das Museum besitzt mehrere Polarisationsmikroskope von Leitz. Die drei abgebildeten Instrumente aus den Jahren 1913, 1928 und 1934 zeigen sehr schön deren Entwicklung vom Vollmessing-Instrument mit senkrechter Feintriebschraube im Stativ bis zum Mikroskop, das vorwiegend aus schwarz lackiertem Stahl gefertigt ist. Die optische Ausstattung der Mikroskope ist bei allen drei Instrumenten ähnlich.

Das älteste der drei abgebildeten Instrumente gehörte Prof. Ernst Haase, Halle, und ist ein Geschenk von Prof. Günter Hoppe für die Sammlung historischer Instrumente des Museums.

1924 wurde von Leitz ein Modell eingeführt, das mit geringen Modifikationen über 30 Jahre im Programm der Firma Leitz war. Es entwickelte sich schnell zum Standard-Mikroskop für petrographische Untersuchungen an Gesteinsdünnschliffen. Abgebildet sind zwei Instrumente aus den Jahren 1928 und 1934.

Mit der Umstellung der Leitz-Mikroskope von einer Bewegung des Tubus auf eine des Tisches und zu einer eingebauten Beleuchtung in den 50er Jahren des 20. Jahrhunderts wurde das traditionelle Hufeisenstativ aufgegeben. Das Museum besitzt ein Dialux Pol, das im August 1960 an das damalige Mineralogisch-Petrographische Institut und Museum der Humboldt-Universität ausgeliefert wurde. ■

ABBILDUNG: ▶
Polarisationsmikroskop Dialux Pol, Nr. 560154, Hersteller Ernst Leitz Wetzlar, Auslieferung August 1960, ohne Inv.-Nr.

Die kleine Trommel rechts neben dem Objektiv gehört zu einem Berek-Kompensator

LITERATUR:
Medenbach 2014; Rinne & Berek 1934; Rosenbusch 1873; Zirkel 1863

MINERALOGIE - DOPPELBRECHUNG

Totalreflexion und Halbkugeln – Refraktometer von Fuess und Steward

Detail mit Beleuchtungsspiegel, Feinjustierung und Ableselupe.

1 Fluorit hat die Formel CaF_2 (Calciumfluorit).

2 Rutil hat die Formel TiO_2 (Titandioxid).

Die Lichtgeschwindigkeit ist abhängig von dem Medium, in dem sich das Licht ausbreitet. Am höchsten ist sie im Vakuum. Der Brechungsindex gibt das Verhältnis der Geschwindigkeit in einem Medium im Verhältnis zu der Geschwindigkeit im Vakuum an. Er ist eine dimensionslose Zahl, d. h. in einem Material mit dem Brechungsindex 2 pflanzt sich das Licht nur halb so schnell fort wie im Vakuum. Die Höhe des Brechungsindex hängt von der Wellenlänge des Lichts ab. Diese Abhängigkeit wird Dispersion genannt und ist eine Materialeigenschaft. Außerdem ist in den meisten Kristallen der Brechungsindex von der Richtung abhängig. Von den häufigen Mineralen hat Fluorit (Flußspat)[1] den niedrigsten und Rutil[2] den höchsten Brechungsindex. Die Messung des Brechungsindex ist ein wichtiges Bestimmungskriterium für Edelsteine. Neben den klassischen Methoden der Edelsteinbestimmung mit optischen Methoden werden heute auch andere physikalische Messmethoden eingesetzt. Besonders populär ist die Messung der Temperaturleitfähigkeit bei der Bestimmung von Diamanten.

Für die Messung der Brechungsindices von Festkörpern gibt es verschiedene Methoden. Die am meisten genutzten sind folgende:

- Tritt ein Lichtstrahl von einem Medium mit höherem in ein Medium mit niedrigerem Brechungsindex ein, so wird er ab einem bestimmten Winkel der Einstrahlung zurückreflektiert. Man nennt diesen Effekt Totalreflexion. Der Winkel ist abhängig vom Brechungsindex beider Materialien. Kennt man den Brechungsindex eines Materials, kann man den des anderen berechnen.
- Die Sichtbarkeit eines Objekts hängt von dem Brechungsunterschied zwischen dem Objekt selbst und dem seiner Umgebung ab. Sind beide gleich, so ist das Objekt ›unsichtbar‹. Bettet man den zu messenden Körper in eine Flüssigkeit mit dem gleichen Brechungsindex ein, genügt es, den Brechungsindex der Flüssigkeit zu kennen oder zu messen.

Vor allem die Bestimmung des Winkels der Totalreflexion erwies sich als besonders gut durchführbar. Viele Wissenschaftler und Ingenieure haben Instrumente konstruiert, mit denen man den Winkel der Totalreflexion messen kann; sie funktionieren zumeist sowohl für Festkörper als auch für Flüssigkeiten. 1872 stellte Ernst Abbe sein Refraktometer der Fachwelt vor. Er selbst nutzte es vor allem für die Prüfung von Balsamen und Harzen zur Verkittung von Linsen und für die Herstellung von Immersionsflüssigkeiten für die Mikroskopie. Produziert wurde es von Carl Zeiss in Jena. Ernst Abbe und sein Mitarbeiter Siegfried Czapski entwickelten es ständig weiter. Vor allem wurde die Ablesbarkeit der Messwerte verbessert. Unter dem Namen »Abbe-Refraktometer« wird es bis heute produziert und benutzt. Da der Brechungsindex temperaturabhängig ist, kann bei qualitativ hochwertigen Instrumenten mit Hilfe von warmem oder kaltem Wasser, das durch das Gerät fließt, eine bestimmte Temperatur eingestellt werden.

Refraktometer für Edelsteine nach G. F. H.
Smith, Nr. 589, Hersteller J. H. Steward,
London, um 1920, Inv.-Nr. o/038

Detail mit Herstellersignatur, Gerätenummer
und Adresse des Herstellers.

ABBILDUNG: ▶
Refraktometer von Rudolf Fuess und
J. H. Steward,

links: Refraktometer für Edelsteine nach G.
F. H. Smith, Nr. 589, Hersteller J. H. Steward,
London, um 1920, Inv.-Nr. o/038,

rechts: Halbkugelrefraktometer Typ IV, ohne
Nr., Hersteller Rudolf Fuess, Berlin-Steglitz,
nach 1904, Inv.-Nr. o/096.

3 In der englischsprachigen Literatur
   werden die Instrumente wegen Ihres
   Messprinzips auch als Abbe Hemispheri-
   cal Total Reflectometer bezeichnet.

4 https://collection.sciencemuseumgroup.
   org.uk, aufgerufen am 20.03.2020.

LITERATUR:
Burchard & Medenbach 2009

Auch eine andere Bauart von Refraktometern, die sogenannten »Halbkugel-Refraktoren«, gehen auf Abbe zurück. Diese Halbkugel-Refraktometer wurden mit verschiedenen Abänderungen nicht nur von Zeiss, sondern auch von anderen Firmen wie Rudolf Fuess in Berlin gebaut.[3] Das Museum besitzt zwei dieser Instrumente von Rudolf Fuess. Das Gerät vom Typ I stammt aus dem frühen 20. Jahrhundert. Neben diesem sehr aufwendig konstruierten Instrument baute Fuess auch einfachere Geräte, die nach dem gleichen Prinzip arbeiteten. Das Refraktometer Typ IV wurde ab 1904 produziert. Die Identifizierung unserer Instrumente von Fuess erfolgte nach der Publikation einer Arbeit von Ulrich Burchard und Olaf Medenbach (Burchard & Medenbach 2009). Beide Instrumente waren bis vor wenigen Jahren im Museum für Naturkunde in Benutzung. Sie dienten vor allem der Edelsteinbestimmung.

Der Edelsteinexperte des British Museum of Natural History in London, George Frederick Herbert Smith, konstruierte um 1900 ein kleines tragbares Refraktometer speziell zur Bestimmung von Edelsteinen. Auch dieses Instrument nutzt die Messung des Winkels der Totalreflexion. Gebaut wurde es in der renommierten Werkstatt für wissenschaftliche Geräte J. H. Steward Limited in London. Die Firma wurde 1852 von James Henry Steward gegründet und bestand bis 1975.[4] Das Instrument von Smith und Steward war ein Vorbild für alle kleinen Refraktometer, wie sie z. B. zum Bestimmen des Oechsle-Grads bei Traubenmost verwendet werden. ∎

Großer Achsenwinkelapparat nach Wülfing, Nr. 8017, Hersteller Rudolf Fuess, Berlin-Steglitz, um 1920, Inv.-Nr. o/036.

Detail des Teilkreises mit der Herstellersignatur und der Gerätenummer.

Kleiner Drehapparat nach Carl Klein, ohne Nr., Hersteller Rudolf Fuess, Berlin-Steglitz, um 1900, Inv.-Nr. o/108.

Eventuell handelt es sich um das Instrument von Carl Klein. Der Haltebügel ist ein Nachbau.

ABBILDUNG: ▶
Instrumente zur Messung optischer Eigenschaften von Kristallen,

links: Großer Achsenwinkelapparat nach Wülfing, Nr. 8017, Hersteller Rudolf Fuess, Berlin-Steglitz, um 1920, Inv.-Nr. o/036,

rechts: Kleiner Drehapparat nach Carl Klein, ohne Nr., Hersteller Rudolf Fuess, Berlin-Steglitz, um 1900, Inv.-Nr. o/108.

1 Obwohl der der heutige Stadtteil Berlin-Steglitz erst 1920 nach Groß-Berlin eingemeindet wurde, nutzte Fuess seit seinem Umzug stets Berlin-Steglitz in seiner Firmensignatur.

LITERATUR:
Medenbach et al. 1998

Hightech aus Berlin-Steglitz – der Große Achsenwinkelapparat

Olaf Meldenbach schreibt 1998: » Die optischen Eigenschaften von Kristallen sind physikalische Konstanten, die von der Art des Kristalls, seiner chemischen Zusammensetzung und den äußeren Bedingungen abhängen. Die genaue Messung dieser Werte ermöglicht daher – je nach Problemstellung – die Diagnose der Kristallart, die Bestimmung seiner Symmetrie, die genaue chemische Analyse und sogar die Abschätzung der Bildungsbedingungen wie z. B. Druck und Temperatur bei der Entstehung« (Medenbach et al. 1998, S.19).

Für die Messung der optischen Eigenschaften von Kristallen sind viele Instrumente konstruiert worden, und viele Ideen für solche Geräte stammten von Carl Klein. Er war von 1887 bis zu seinem Tod 1907 Direktor des Mineralogisch-Petrographischen Instituts und der zugehörigen Sammlung, der heutigen Mineralogischen Sammlung des Museums für Naturkunde. Gebaut wurden die Instrumente von der Firma Fuess in Berlin-Steglitz. Rudolf Fuess gründete seine Firma am 1. April 1865 in der Mauerstraße 84 in Berlin. Das junge Unternehmen zog 1870 nach Kreuzberg in die Wasserthorstraße 46 und 1892 übersiedelte die rasch wachsende Firma nach Steglitz bei Berlin.[1] In der Düntherstraße 8 errichtete Rudolf Fuess mehrere Fabrikationsgebäude, von denen keines erhalten geblieben ist. Für ihre Polarisationsmikroskope wurde die Firma weithin gelobt, vor allem für ihre kristallographischen Instrumente, bei denen die genaue Messung von Winkeln notwendig ist. Die meisten Geräte gingen aus der Zusammenarbeit mit führenden Wissenschaftlern der Zeit hervor.

Auch der Kleine Drehapparat als Zusatzgerät für Mikroskope von Fuess geht auf eine Idee von Carl Klein zurück. Mit ihm konnten die optischen Eigenschaften größerer Kristalle – bevorzugt auch von Edelsteinen – untersucht werden. Dazu wurden die Kristalle auf einen Drehzapfen aufgekittet, der in ein Gefäß mit einer Flüssigkeit ragte. Idealerweise sollte die Flüssigkeit einen Brechungsindex wie der zu untersuchende Kristall haben. Zur Ausstattung gehört eine Linse, die auf den Kondensor gesteckt werden konnte. Es ist nicht auszuschließen, dass es sich bei dem Gerät um dasjenige von Klein handelt.

Der abgebildete Große Achsenwinkelapparat wurde von Fuess nach Angaben von Ernst Anton Wülfing gebaut, der zu dieser Zeit Professor in Hohenheim und später in Heidelberg war. Er entstand vermutlich um 1920. Achsenwinkelapparate dienen der genauen Bestimmung der Eigenschaften optisch zweiachsiger Kristalle. Der gemessene Winkel zwischen den optischen Achsen (Achsenwinkel 2 V) ist eine wichtige diagnostische Größe. Den gleichen Bautyp gab es in verschiedenen Ausbaustufen. Für die Messung wurde der Kristall auf einen Goniometerkopf montiert, der das Schwenken um zwei senkrecht aufeinanderstehende Achsen und Verschiebungen in x- und y-Richtung erlaubte. Die Messung selbst erfolgte in einer mit einer Flüssigkeit gefüllten Küvette, die auf das kleine Tischchen in der Mitte des Instruments gestellt wurde. ∎

Eine seltene Kostbarkeit unter den mineralogischen Instrumenten — das Theodolit-Mikroskop nach Brandão-Leiss

Detail des Universaldrehtischs mit klappbaren Kreisbogensegmenten (Wright'sche Bügel).

Die optischen Eigenschaften der Kristalle sind richtungsabhängig. Man nennt diese Richtungsabhängigkeit Anisotropie und kann sie in zweierlei Weise nutzen:

- Mit der Messung der Eigenschaften kann man das Mineral bestimmen; vor allem gelingt es, bei Mischkristallen die genaue chemische Zusammensetzung zu bestimmen. Eine Anwendung ist die genaue Bestimmung von Feldspäten. Diese ist wiederum für die Genese eines Gesteins von Bedeutung.
- Die Orientierung eines Kristalls im Gestein ermöglicht ebenfalls Aussagen zur Genese. So können die Einwirkung von Druck und Temperatur während der Metamorphose zur Einregelung von Mineralen führen. Ist diese Einregelung bekannt, kann man auf die Kräfte rückschließen, die dazu geführt haben. Man nennt diese Messungen Texturanalyse.

Um diese Messungen direkt im Dünnschliff durchführen zu können, ist es notwendig, diesen gegen die optische Achse des Mikroskops zu drehen und zu neigen. Der Erste, der sich ein Zusatzgerät für das Polarisationsmikroskop, das solche Bewegungen ermöglichte, ausdachte, war der russische Mathematiker, Kristallograph und Mineraloge Jewgraf Stepanowitsch Fjodorow. Gebaut wurde es von der Firma Fuess in Berlin-Steglitz. Fjodorow veröffentlichte 1893 auf Russisch eine Monografie zu diesem Thema (Fjodorow 1893). Im Deutschen bekam dieses Gerät den Namen Universal-Drehtisch oder kurz U-Tisch. Die Firma Fuess vervollkommnete diese Geräte immer weiter. Alsbald bauten sie auch andere Firmen als Zusatzgerät für Ihre Mikroskope. Man konstruierte spezielle U-Tischobjektive und Zusatzteile, die die optischen Fehler bei der Neigung minimierten. Zur Erleichterung der Arbeit mit dem U-Tisch gab es Modelle mit unterschiedlicher Anzahl von Drehachsen. Die Abbildung zeigt ein Mikroskop Dialux Pol der Firma Ernst Leitz Wetzlar mit einem U-Tisch. Der Tisch hat vier Drehachsen. Geliefert wurden Mikroskop und U-Tisch im August 1960 an das damalige Institut für Mineralogie und Petrographie und Museum der Humboldt-Universität Berlin. Genutzt hat es Prof. Hans-Joachim Bautsch. Er war von 1970 bis 1984 Professor für Kristallographie und von 1984 bis zu seiner Emeritierung 1993 Professor für Mineralogie und Petrographie an der Humboldt-Universität und Direktor des Mineralogischen Museums am Museum für Naturkunde der Humboldt-Universität.

ABBILDUNG: ▶
Polarisationsmikroskop Dialux Pol,
Nr. 560154 mit Universaldrehtisch Nr. 2251,
Hersteller Ernst Leitz Wetzlar, Auslieferung
August 1960, ohne Inv.-Nr.

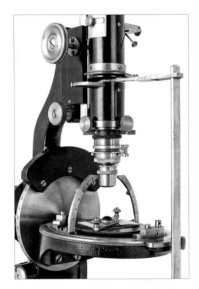

Detail mit dem integrierten Universaldrehtisch mit klappbaren Kreisbogensegmenten (Wrightsche Bügel) und der Stange zur synchronen Drehung von Polarisator und Analysator.

Den Höhepunkt dieser Entwicklung stellte das Theodolit-Mikroskop nach Brandão-Leiss dar. Die Besonderheit dieses Mikroskops ist die Integration des U-Tisches in das Mikroskopstativ. Um die Funktion eines solchen Mikroskops zu ermöglichen, waren eine Reihe von Änderungen am ›normalen‹ Mikroskop notwendig; so musste z. B. eine synchrone Drehung der beiden über- und unterhalb des Objekttisches angeordneten Nicolschen Prismen ermöglicht werden, da eine Drehung des Objekttischs nicht mehr möglich war. Die Idee zu solch einem Gerät hatte der portugiesische Mineraloge Vicente de Souza Brandão. Der leitende Mitarbeiter von Fuess, Carl August Leiss[1], übernahm ab 1911 die Konstruktion des Geräts. Es entstand eines der bemerkenswertesten Mikroskope, das heute zu den »seltenen Kostbarkeiten« auf diesem Gebiet gehört (Medenbach et al 1998, S. 26). Anfang der 30er Jahre kostete ein solches Mikroskop 1.497 RM und wurde nur auf Bestellung gefertigt. Dagegen stand der Verdienst eines Meisters bei Fuess von monatlich ca. 110 RM. Das spezielle Einsatzgebiet der Methode von Fjodorow war die Bestimmung der Zusammensetzung von Feldspäten. Die Methode verlor mit der Einführung der Mikrosondenanalytik ab etwa 1960 an Bedeutung und ist heute nur noch von historischem Interesse.

Das erste 1912 gefertigte Mikroskop dieser Art wurde an Prof. Theodor Liebisch, von 1908 bis 1922 Direktor des Mineralogischen Instituts und Museums der Humboldt-Universität, geliefert. Das gezeigte Instrument wurde etwa 1925 gefertigt. ■

ABBILDUNG: ▶
Theodolit-Mikroskop nach Brandão-Leiss, Nr. 4077, Hersteller Rudolf Fuess, Berlin-Steglitz, um 1925, Inv.-Nr. o/035.

1 Leiss gründete im Mai 1921 sein eigenes Unternehmen und fertigte dort vorwiegend auf Bestellung optische Instrumente. Die Firma existiert bis heute. 1924 wurde Carl Leiss für seine Verdienste von der Philosophischen Fakultät der Universität Marburg die Ehrendoktorwürde verliehen.

LITERATUR:
Fjodorow 1893; Medenbach et al 1998

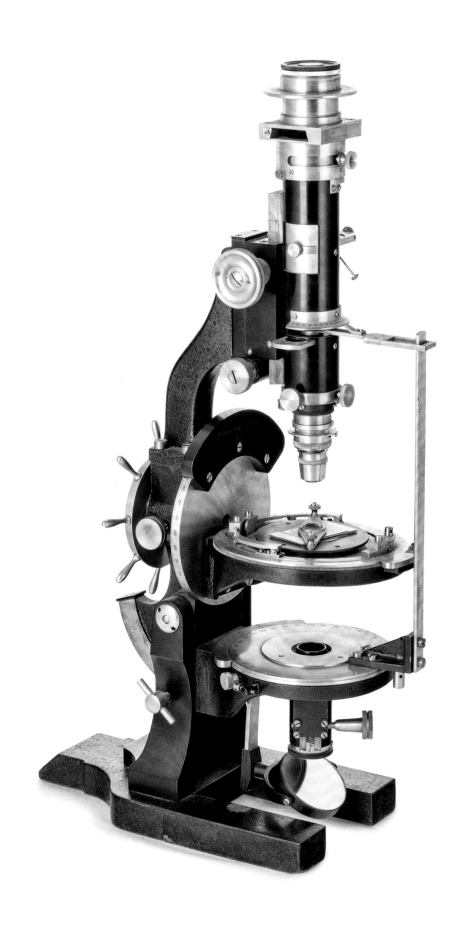

Winkelkonstanz als Bestimmungsgröße — Goniometer

In seinem 1669 erschienenen Werk *De solido intra solidum naturaliter contento dissertationis prodromus* beschreibt der dänische Mediziner, Anatom und Naturforscher, später katholische Priester und Bischof Nicolaus Steno[2] zwei auf Beobachtungen beruhende wichtige Erkenntnisse (Steno 1669):

- Fossilien sind biologischer Herkunft und Überreste von Lebewesen.
- Die Winkel zwischen den Flächen einer Kristallart sind konstant, unabhängig von Größe und Form.

Die zweite Beobachtung wird heute als Gesetz der Winkelkonstanz bezeichnet und ist eines der Grundgesetze der Kristallographie. Dieses Gesetz erlaubt die Bestimmung eines Kristalls durch die Messung der Winkel zwischen den Kristallflächen. Im 18. Jahrhundert versuchte Jean-Baptiste Romé de L'Isle Kristalle auf Grund ihrer äußeren Form zu systematisieren. Romé de L'Isle benutzte auch als Erster den Begriff Cristallographie im heutigen Sinne, also als die Wissenschaft von der Beschreibung der Kristalle.[3] Dazu erfand sein Assistent Arnould Carangeot ein einfaches Instrument zum Messen der Winkel zwischen den Kristallflächen, man nennt dieses Instrument Goniometer.[4] Die Ersten, die sich mit der Ursache dieses Gesetzes — d. h. mit dem Zusammenhang zwischen innerem Aufbau und äußerer Form der Kristalle — beschäftigten, waren der schwedische Chemiker und Mineraloge Torbern Olof Bergman und der französische Mineraloge René-Just Haüy. Über Leopold von Buch und den Leiter des Königlichen Mineralienkabinetts in Berlin und Oberbergrat, Dietrich Ludwig Gustav Karsten, kamen die Ideen Haüys nach Deutschland. Obwohl der spätere Nachfolger von Karsten und erste Lehrstuhlinhaber für Mineralogie an der Berliner Universität, Christian Samuel Weiss, wegen seiner dynamischen Ansicht der Kristallographie vielfach angegriffen wurde, gelang es ihm und seinen Schülern in späteren Jahren, die Grundgesetze der Kristallmetrik und Kristallsymmetrie, wie sie auch heute noch gültig sind, zu formulieren.[5]

Bei Winkelmessungen zwischen Kristallflächen gibt man nicht den Innenwinkel, sondern den Normalenwinkel an, das ist der Winkel zwischen den Loten (Senkrechten) auf den Flächen. Die Genauigkeit der nach dem Prinzip eines einfachen Winkelmessers arbeitenden Anlege- oder Kontakt goniometer genügte schon bald nicht mehr, außerdem gab es Schwierigkeiten bei der Vermessung kleiner Kristalle. 1809 erfand der englischer Arzt, Physiker und Chemiker William Hyde Wollaston ein Goniometer, das das an den Kristallflächen gespiegelte Licht zur Messung nutzt. Die Genauigkeit konnte so wesentlich gesteigert werden. Durch immer verbesserte Geräte wurde das Goniometrieren zur Grundlage vieler kristallographischen Entdeckungen und zu einer der Standardmethoden der Mineralbestimmung. Einen ausführlichen Überblick zur Geschichte der Goniometer geben Olaf Medenbach et al. und Ulrich Burchard (Medenbach et al. 1995; Burchard 1998).

ABBILDUNG: ▶
René-Just Haüy mit einem Anlegegoniometer und einem Calcitspaltstück. Gravur von Karl Traugott Riedel nach Félix Massard[1], 1779–1850.

1 https://commons.wikimedia.org, aufgerufen am 19.04.2020.
2 Dänischer Name: Niels Stensen.
3 Vor Romé de L'Isle war der Begriff Kristall identisch mit Bergkristall, also Quarz.
4 Goniometer: von griechisch γωνία gōnia, Winkel und μέτρον métron, Maß (Messwerkzeug, dann auch das Gemessene).
5 Zur frühen Geschichte der Kristallographie siehe auch Damaschun 2018.

F. Massard del. Riedel sc.

RÉNÉ JUST HAÜY.

Zwickau bei Gebr. Schumann.

Den Gipfel dieser Methode erreichte Victor Mordechai Goldschmidt[6] mit seinen Arbeiten. Er veröffentlichte unter anderem 1897 seine *Krystallographischen Winkeltabellen* (Goldschmidt 1897), die die Flächenwinkel aller bis dahin vermessenen Kristalle auflistet, und von 1913 bis 1923 seinen 18 Bände umfassenden *Atlas der Krystallformen* (Goldschmidt 1913–1923). In diesem Werk stellte er alle bis dahin veröffentlichten Kristallzeichnungen zusammen.

1912 entdeckten Max von Laue, Walter Friedrich und Paul Knipping die Beugung von Röntgenstrahlen an Kristallen. Die schon vorher vermutete Gittertheorie über den inneren Aufbau von Kristallen wurde dadurch bestätigt. Laue erhielt dafür 1914 den Nobelpreis. Die Methode zur Bestimmung von Mineralen durch Goniometrieren verlor an Bedeutung; die Winkel zwischen Kristallflächen konnte man aus gewonnenen Gitterparametern leicht berechnen. Die Arbeit mit dem Goniometer gehört heute nicht mehr zur Ausbildung von Mineralogen. ∎

ABBILDUNG: ▸
Tafel mit Formen des Minerals Krokoit
(ein Bleichromat) aus Victor Mordechai
Goldschmidt, *Atlas der Krystallformen*, Bd. 7,
Tafel 123, Heidelberg 1922.

6 Nicht zu verwechseln mit dem norwegischen Geochemiker Victor Moritz Goldschmidt, der neben Wladimir Wernadski als Begründer der modernen Geochemie und Kristallchemie gilt.

LITERATUR:
Burchard 1998; Goldschmidt 1897; Goldschmidt 1913–1923; Goldschmidt 1922; Medenbach et al. 1995; Steno 1669

Rotbleierz

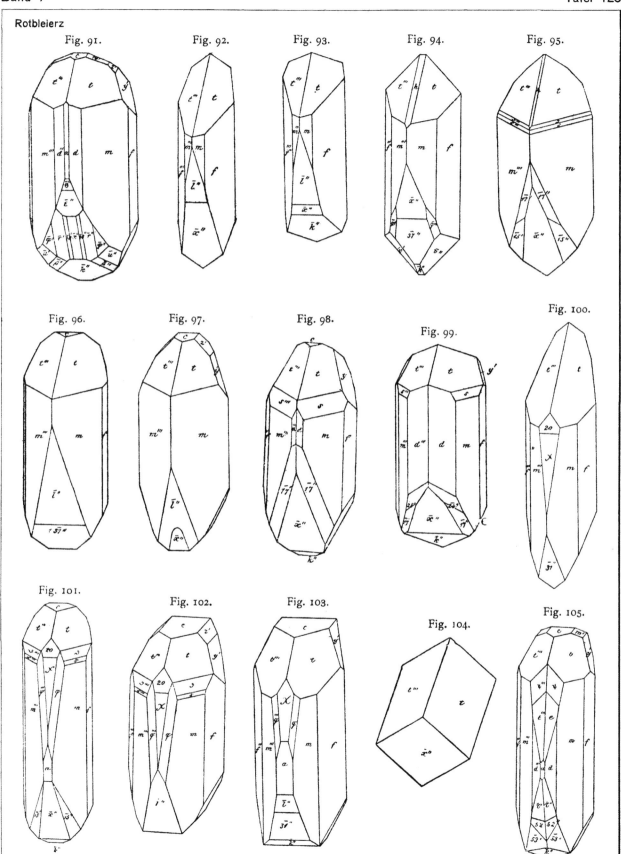

Fig. 91. Fig. 92. Fig. 93. Fig. 94. Fig. 95.

Fig. 96. Fig. 97. Fig. 98. Fig. 99. Fig. 100.

Fig. 101. Fig. 102. Fig. 103. Fig. 104. Fig. 105.

Es begann mit einfachen Winkelmessern — Anlegegoniometer

CONTACT GONIOMETER
MODEL B.
Designed by
S. L. Penfield
Made in New Haven, Conn., U. S. A.

Pappinstrument nach Penfield Model B, ohne Nummer, Hersteller unbekannte Firma in New Haven, Conn. USA, um 1910, Inv.-Nr. o/054.

Aufdruck auf dem Goniometer.

Jean-Baptiste Romé de L'Isle versuchte als Erster, die natürlichen Kristalle von Mineralen zu systematisieren. Basierend auf den Erkenntnissen von Nicolaus Steno[1] vermaß er Kristalle mit dem von seinem Assistenten Arnould Carangeot erfundenen Anlegegoniometer. Damit konnte er das Gesetz der Winkelkonstanz von Nicolaus Steno bestätigen und die vermessenen Winkel umgekehrt zur Mineralbestimmung nutzen. Romé de L'Isle hatte keine Anstellung. Seinen Lebensunterhalt verdiente er mit der Erstellung von Katalogen von zum Verkauf bestimmter Mineralsammlungen. Außerdem legte er selbst eine der bedeutendsten Mineralsammlungen seiner Zeit an. Neben dem Erstellen von Sammlungskatalogen gab er auch Unterricht in Mineralogie. Dazu ließ er sich Kristallmodelle aus Kupfer und Messing anfertigen. Diese Modelle waren schwierig herzustellen und nicht sehr präzise. Bessere Ergebnisse erreichte er mit Modellen aus Ton und Porzellan (Damaschun 2018). Auch René-Just Haüy nutzte Anlegegoniometer für seine kristallographischen Untersuchungen. Eine der bekanntesten Abbildungen zeigt ihn mit einem Goniometer als Symbol für seine Arbeiten. 1804 erschien die deutsche Übersetzung seines Buches *Traité de Minéralogie* (Haüy 1804).

In der Instrumentensammlung des Museums befinden sich zwei Anlegegoniometer aus Messing. Beide sind mit Ihren Aufbewahrungskästen erhalten. Eines besitzt als Winkelmesskreis einen Viertelkreis, das andere einen Vollkreis. Um mit diesem messen zu können, lassen sich die beiden drehbaren Messschenkel vom Teilkreis lösen. Die Goniometer sind nicht signiert. Ihr Alter ist sehr schwer zu bestimmen, da diese Instrumente von den verschiedensten Herstellern über einen sehr langen Zeitraum in sehr ähnlicher Bauart produziert wurden. Für ein ähnliches Goniometer mit einem Vollkreis nimmt Ulrich Burchard an, dass es bei Fuess in Berlin gebaut sein könnte (Burchard 1998).

ABBILDUNG: ▶
Anlegegoniometer verschiedener Hersteller,

oben: Instrument mit einem Viertelkreis, ohne Nummer, Hersteller unbekannt, eventuell um 1800, Inv.-Nr. o/101,

unten: Pappinstrument nach Penfield Model B, ohne Nummer, Hersteller unbekannte Firma in New Haven, Conn. USA, um 1910, Inv.-Nr. o/054.

1 Siehe: *Winkelkonstanz als Bestimmungsgröße – Goniometer*, S. 98f.

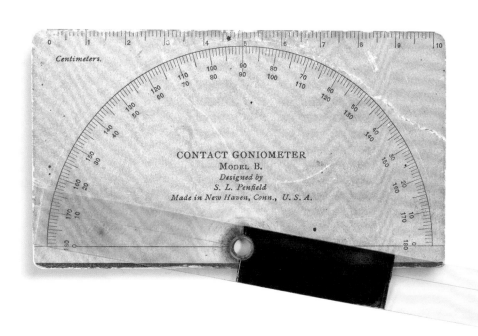

CONTACT GONIOMETER
MODEL B.
Designed by
S. L. Penfield
Made in New Haven, Conn., U.S.A.

Centimeters.

Anlegegoniometer mit einem Vollkreis, ohne
Nummer, Hersteller unbekannt, eventuell
R. Fuess, Berlin-Steglitz, um 1900,
Inv.-Nr. o/109.

1900 schrieb Samuel Lewis Penfield, Professor für Mineralogie an der Yale University, in einem
Artikel für die deutsche *Zeitschrift für Krystallographie und Mineralogie*:

»Ich habe lange Zeit empfunden, dass es beim mineralogischen und kryslallographischen Unter-
richte ein entschiedener Vortheil wäre, wenn jeder Studirende ein Contactgoniometer besässe
und mit den Methoden der Bestimmung der Krystallformen und ihrer einfachen geometrischen
Beziehungen mit Hülfe der Winkel vertraut würde; die zu beschreibenden einfachen Instrumente
sind entstanden aus dem Wunsche, genaue und brauchbare Instrumente um mässige Kosten zu
construiren. Die gewöhnlich gebrauchten Melallcontactgoniometer sind zwar immer verwendbar,
aber sie sind nothwendig kostspielig; denn um Genauigkeit zu erzielen, müssen sie ausserordent-
lich gut ausgearbeitet sein, und da die Nachfrage beschränkt ist, so werden sie nur in geringer
Anzahl hergestellt. Daher ist der Gebrauch dieses einfachen und nützlichen Instrumentes viel
geringer als er sein sollte« (Penfield 1900, S. 548).

Er konstruierte aus diesem empfundenen Mangel heraus ein einfaches, aus Pappe und
Celluloid bestehendes Goniometer für den Einsatz in der Lehre. Das Museum besitzt mehrere
dieser Goniometer. Wann sie angeschafft wurden, lässt sich nicht mehr rekonstruieren. ∎

ABBILDUNG: ▶
Anlegegoniometer mit einem Vollkreis,
ohne Nummer, Hersteller unbekannt, eventuell
R. Fuess, Berlin-Steglitz, um 1900,
Inv.-Nr. o/109.

LITERATUR:
Burchard 1998; Damaschun 2018;
Haüy 1804; Medenbach et al. 1995;
Penfield 1900

Fensterkreuz und schwarze Spiegel — Wollaston Goniometer

Detail mit dem angesetztem Spiegel.

ABBILDUNG: ▶
Reflexionsgoniometer vom Wollaston-Typ mit Degenschem Spiegel, ohne Nummer, Hersteller eventuell Johann August Daniel Oertling, Berlin, wahrscheinlich nach 1833, Inv.-Nr. o/110

1 Siehe: *Einfach und Doppelt — Polarisationsmikroskope und Drehapparate*, S. 80

2 Gustav Rose begleitete Alexander von Humboldt auf dessen Russlandreise 1829 und verfasste auch den zweibändigen Reisebericht.

3 Das wohl bekannteste Beispiel ist der Kohlenstoff. Er kann sowohl als Diamant als auch als Graphit kristallisieren. Beide Minerale haben völlig unterschiedliche Eigenschaften.

D ie Genauigkeit ist auch bei sehr sorgfältig gearbeiteten Anlege- oder Kontaktgoniometern kaum besser als ein 1/2 Grad. Für viele Untersuchungen reichte das nicht. Deshalb war das 1809 von William Hyde Wollaston erfundene Reflexionsgoniometer mit vertikalem Teilkreis ein wesentlicher Fortschritt. Man benutzt die Kristallflächen als Spiegel und dreht den Kristall solange, bis die nächste Kristallfläche spiegelt. Dazu muss die Kante zwischen den beiden zu messenden Flächen parallel zur Drehachse justiert werden. Der Winkel, um den man gedreht hat, ist dann der gesuchte Winkel zwischen den Kristallflächen.

Für das Einstellen der Reflexbedingung gab es verschiedene Möglichkeiten:

- Man suchte sich etwas Markantes (möglichst weit entfernt), das sich auf der Kristallfläche spiegelt — besonders oft wurden Fensterkreuze genutzt — und dreht den Kristall solange, bis es sich auf der nächsten Fläche spiegelt.
- 1833 beschrieb August Friedrich Ernst Degen, Professor für Physik und Chemie an der Gewerbeschule in Stuttgart und Mitglied des Bergkollegiums, eine Vorrichtung, die die Genauigkeit weiter verbesserte, den nach ihm benannten Degenschen Spiegel. Über seine Erfindung schreibt er: »Sie besteht in einem Sextantenspiegel, der sich um eine der des Instruments parallele Achse drehen lässt. Das Instrument wird so gebraucht, dass man das Bild eines Gegenstandes, z. B. eines horizontalen Blitzableiterdrahtes im Krystall, und das desselben Gegenstandes im Spiegel sich decken lässt, dann den Krystall verdreht, bis das Bild in der zweiten Fläche erscheint, ohne dass man jedoch die Lage des Spiegels verändert. Man gewinnt durch diese Einrichtung das, dass man einen entfernten Gegenstand zum Zielpunkt wählen kann, was bei der gewöhnlichen Einrichtung oft mit Schwierigkeiten verknüpft ist [...]« (Degen 1833, S. 687f). Für die Genauigkeit war es notwendig, dass der »Gegenstand« an der Oberfläche des Spiegels reflektiert wird; deswegen bestand er aus schwarzem, poliertem Glas, genauso wie der Spiegel beim künstlichen Horizont des Sextanten.

Zur Erhöhung der Genauigkeit fügte Étienne Louis Malus[1] dem Goniometer ein Beobachtungsfernrohr hinzu (Malus 1817). Im Gegensatz zu Wollaston legte er den Teilkreis dazu waagerecht. Der Professor für Chemie an der Berliner Universität, Eilhard Mitscherlich, wiederum nutzte das Beobachtungsfernrohr am vertikalen Teilkreis. Viele Autoren bezeichnen deswegen diese Goniometer als Mitscherlich-Typ. Zusammen mit seinem fünf Jahre jüngeren Kollegen Gustav Rose[2], dem späteren Professor für Mineralogie an der Berliner Universität, stellte er fest, dass es chemische Verbindungen gibt, die je nach Bildungsbedingungen Kristalle mit unterschiedlichem Aufbau und Symmetrien bilden können (Polymorphie).[3] Anderseits gibt es unterschiedliche chemische Verbindungen, die gleichartig kristallisieren (Isomorphie). Durch sehr genaue Winkelmessungen

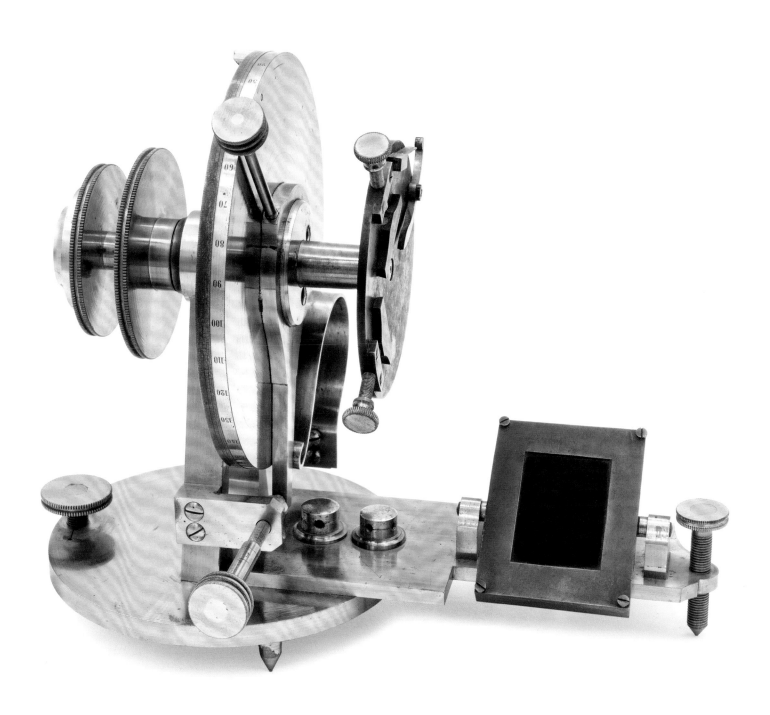

Detail mit Justierlupe

an Kristallen bei unterschiedlichen Temperaturen fanden sie weiterhin eine unterschiedliche Wärmeausdehnung in den drei Raumrichtungen von Kristallen. Beides war mit den bis dahin aufgestellten Theorien über den Aufbau der Kristalle unvereinbar.

Das Museum besitzt zwei Reflexionsgoniometer vom Wollaston-Typ. Das größere Instrument ist mit einem Degenschen Spiegel ausgerüstet. Der Teil des Instruments mit dem Spiegel lässt sich abnehmen, so dass das Goniometer auch ohne diesen Zusatzteil genutzt werden kann. Es ergibt sich die Frage, ob der Spiegel nachträglich angebracht worden ist. Dagegen spricht die einheitliche Form der Justierschrauben. Es ist nicht signiert. In einigen Details erinnert es an Instrumente aus der Berliner Werkstatt von Johann August Daniel Oertling.[4] Auf Grund des Degenschen Spiegels wurde es nicht vor 1833 hergestellt bzw. komplettiert.

Das zweite Instrument ist ein Reisegoniometer. Es kann in einer Metallhülse untergebracht und transportiert werden. Die dazugehörige Lupe lässt sich parallel zur Achse des Teilkreises einschrauben und dient so der Justierung des Kristalls. Solche kleinen Goniometer wurden ebenfalls von Oertling produziert. Das Instrument des Museums ist nicht signiert. Fuess baute verbesserte Reisegoniometer nach diesem Vorbild. Carl August Leiss[5] beschreibt und bildet 1899 ein Instrument ab, das genau unserem entspricht (Leiss 1899, S. 118f). ■

ABBILDUNG: ▶
Reisegoniometer vom Wollaston-Typ, ohne Nr., Hersteller R. Fuess, Berlin-Steglitz, um 1895, Inv.-Nr. o/111

4 Oertlings Werkstatt befand sich in der Oranienburger Straße. Er hat u. a. für Alexander von Humboldt und Johann Carl Friedrich Gauß gearbeitet. Oertling erfand auch eine automatisch arbeitende Teilungskreismaschine.

5 Siehe: *Eine seltene Kostbarkeit unter den mineralogischen Instrumenten – das Theodolit-Mikroskop nach Brandão-Leiss*, S. 94f.

LITERATUR:
Degen 1833; Leiss 1899; Malus 1817

Mit Kollimator und Horizontalkreis – Goniometer nach dem System Malus-Babinet

Detail mit Firmensignatur und Feineinstellung des Teilkreises.

Die Nutzung von weit entfernten Fensterkreuzen oder Blitzableitern[1] als Referenzobjekt für das Einstellen der Reflexionsbedingung war nicht besonders bequem. Der französische Physiker Jacques Babinet fügte dem Goniometer von Étienne Louis Malus deswegen neben dem Beobachtungsfernrohr einen Kollimator hinzu. Damit konnte ein paralleler Lichtstrahl auf die Kristallfläche gerichtet und dessen Reflex mit dem Beobachtungsfernrohr genau eingestellt werden. Ab Mitte des 19. Jahrhunderts wurden viele Wollaston-Goniometer damit ausgerüstet.

Ein zweites Problem war der vertikal gestellte Teilkreis. Große und schwere Kristalle neigen dazu, dem Gesetz der Schwerkraft zu folgen und sind nur schwer sicher auf dem Goniometer zu befestigen. Eine Lösung für dieses Problem hatte bereits Étienne Louis Malus, der schon das Beobachtungsfernrohr eingeführt hatte, gefunden, indem er den Teilkreis horizontal legte.

Angeregt durch Gustav Roses Schüler Paul Heinrich Groth, ab 1902 Ritter von Groth, konstruierte Rudolf Fuess zwischen 1873 und 1879 ein Goniometer mit Horizontalkreis. Er nannte es nach den beiden oben erwähnten Physikern »Reflexionsgoniometer mit horizontalem Kreis nach dem System Malus-Babinet«. Diese Instrumente fanden mit unterschiedlichen Typenbezeichnungen (II, III und IV) weltweit größte Verbreitung. Sie wurde nahezu unverändert über 50 Jahre lang gebaut und die meisten Mineralogischen Institute besaßen mehrere Instrumente. Man konnte sie unter anderem auch als Spektrometer und zur Bestimmung von Brechungsindices verwenden. Die Ablesegenauigkeit der sehr präzise gebauten Instrumente beträgt eine halbe bis eine viertel Winkelminute. Diese Präzision und Stabilität hatte ihren Preis; so kostete ein Goniometer vom Typ IV 340 Mark, das entsprach ungefähr der Hälfte des Jahresgehaltes eines Meisters bei Fuess (Burchard 1998).

In der Sammlung des Museums befinden sich mehrere dieser Goniometer; das am besten erhaltene vom Typ IV ist abgebildet. Es stammt aus dem Jahre 1893. Der Kollimator ist für das Signal mit dem sogenannten Websky-Spalt ausgerüstet; es handelt sich um zwei kreisförmige Scheiben, die eine Blende teilweise abdecken. Der Websky-Spalt hat den Vorteil, bei hoher Lichtausbeute sehr genau justierbar zu sein. Christian Friedrich Martin Websky war von 1874 bis zu seinem Tod der Nachfolger von Gustav Rose auf dem Lehrstuhl für Mineralogie und Direktor der Mineralogischen Sammlung der Berliner Universität. Durch ihn kamen eine Reihe von Reflexionsgoniometern zur Kristallvermessung ins Institut, deren Anschaffung er im Zusammenhang mit seiner Berufung durchsetzen konnte (Hoppe 2003). ∎

ABBILDUNG: ▶
Einkreis-Reflexionsgoniometer nach Malus-Babinet Typ IV, ohne Nummer, Hersteller R. Fuess, Berlin-Steglitz, 1893, Inv.-Nr. o/041.

1 Siehe: *Fensterkreuz und schwarze Spiegel – Wollaston Goniometer*, S. 106f.

LITERATUR:
Burchard 1998; Hoppe 2003

Phi und Rho – Zweikreisgoniometer

Detail mit der Herstellersignatur.

ABBILDUNG: ▶
Zweikreisanlegegoniometer, ohne Nummer,
Hersteller Peter Stoe Heidelberg,
Inv.-Nr. o/100

T rotz aller Fortschritte beim Bau von einkreisigen Goniometern war das Messen der Winkel
zwischen den Kristallflächen sehr mühselig: Zuerst mussten die Kanten der Flächen einer
Zone[1] parallel zur Drehachse justiert werden, um die Winkel zwischen diesen Flächen zu bestimmen. Diesen Vorgang musste man Zone für Zone wiederholen. Dafür war zumeist ein ›Umkitten‹
des Kristalls notwendig und letztlich erhielt man eine Vielzahl von Winkeln. Bei Kristallen mit sehr
vielen Flächen konnte so leicht der Überblick verloren gehen.

In der Geographie hatte man für das Problem der Übertragung der Gestalt einer Kugel auf
eine Karte schon seit langem Lösungen gefunden. Eine der Möglichkeiten ist die stereographische
Projektion. Der Schüler von Christian Samuel Weiss und einer der späteren Mitbegründer der mathematischen Physik (heute theoretische Physik), Franz Ernst Neumann, hat in seinen ersten wissenschaftlichen Arbeiten diese Methode auf die Kristallographie übertragen (Neumann 1823). Er
stellte die Durchstoßpunkte der Flächennormalen auf einer gedachten, den Kristall umgebenden
Kugel nach Art der stereographischen Projektion der Geographie dar.[2] Er erhielt damit eine von
der Größe der jeweiligen Kristallfläche unabhängige Darstellung, und jede Fläche ist durch zwei
Winkel, Phi (ϕ) und Rho (ρ), gekennzeichnet – analog der geographischen Breite und Höhe. Die
stereographische Projektion zeigt in besonderer Weise die Symmetrieverhältnisse eines Kristalls.

Um diese Winkel direkt zu messen und nicht aus den Winkeln zwischen den Kristallflächen errechnen zu müssen, benötigt man für die Messung ein Instrument mit zwei senkrecht aufeinander
stehenden Teilkreisen, einen für Phi und einen für Rho. Als Erster fand der englische Mineraloge
William Hallowes Miller[3] eine Lösung, indem er zwei Goniometer vom Wollaston-Typ miteinander
kombinierte. Wie bei vielen wegweisenden Erfindungen scheint die Entwicklung eines speziellen
zweikreisigen Reflexions-Goniometers nahezu gleichzeitig und unabhängig voneinander erfolgt zu
sein. Der erste war wahrscheinlich Jewgraf Stepanowitsch Fjodorow, es folgten Victor Mordechai
Goldschmidt und Siegfried Czapski (Czapski 1893a, S. 1f; Czapski 1893b, S. 242 ff). Bei Fuess
fügte man zunächst einfach dem einkreisigen Goniometer einen zweiten Kreis anstelle des Kristallhalters hinzu; Czapski konstruierte für Zeiss verschiedene zweikreisige Instrumente. Die erfolgreichste Konstruktion entstand aus der Zusammenarbeit von Goldschmidt und der Firma Stoe[4]
in Heidelberg. Das Museum besitzt kein zweikreisiges Reflexions-Goniometer aus dieser Zeit. Zur
Veranschaulichung der Methode, zum Training an Kristallmodellen und zum Vermessen großer
Kristalle baute Stoe seit 1896 ein zweikreisiges Anlegegoniometer. Es wurde zum Logo der amerikanischen Sammlerzeitschrift *Mineralogical Record*. Das Instrument im Museum stammt wahrscheinlich aus den 20er Jahren des 19. Jahrhunderts.

1 Unter einer Zone versteht man in der
Kristallographie Kristallflächen, deren
Kanten parallel verlaufen.

2 Man nennt die Flächennormalen auch
Flächenpole und die gedachte Kugel
Polkugel.

3 Besonders bekannt geworden ist William
Hallowes Miller durch die nach ihm benannten Millerschen Indices zur eindeutigen Benennung von Kristallflächen
oder Ebenen im Kristallgitter.

4 Die Firma Stoe wurde 1887 von Peter
Stoe in Heidelberg gegründet. 1909 zog
die Firma nach Darmstadt. Sie ist heute
einer der führenden Hersteller von
Röntgendiffraktometern.

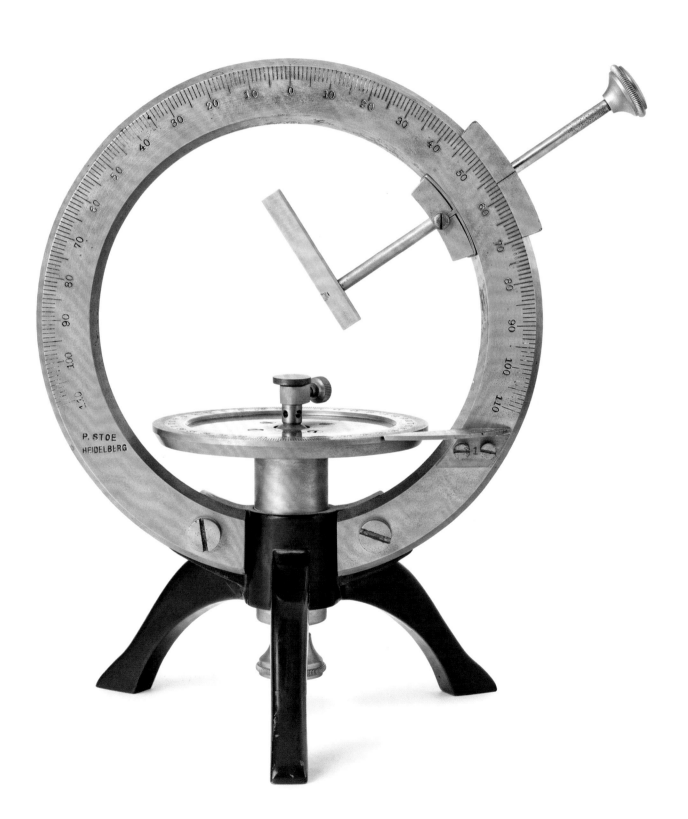

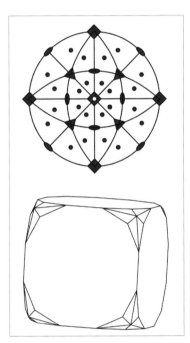

Kristallzeichnung und dazugehörige stereographische Projektion eines Fluoritkristalls. In die stereographische Projektion sind die Symmetrieelemente eingezeichnet.

ABBILDUNG: ▶
Zweikreisreflexionsgoniometer ZRG 3, ohne Nummer, VEB Präzisionsmechanik Freiberg, etwa 1980, ohne Inv.-Nr.

5 Volkseigener Betrieb
6 Die Tradition dieser Firma reicht bis in das Jahr 1771 zurück und trägt heute den Namen FPM Holding GmbH.
7 Mitteilung per E-Mail von Hubert Böhme, Geschäftsführer der FPM Holding GmbH Freiberg, am 07.12.2020

LITERATUR:
Czapski 1893a; Czapski 1893b; Neumann 1823

Obwohl das Vermessen von Kristallen nach der Entdeckung der Beugung von Röntgenstrahlen an Kristallen stark an Bedeutung verloren hat, wurden z. B. im VEB[5] Präzisionsmechanik Freiberg[6] bis 1990 Goniometer gebaut. Auf Anfrage an die Nachfolgefirma dieses Betriebes antwortete der Geschäftsführer: »Heute werden prinzipiell noch Reparaturen ausgeführt: Wir könnten das Gerät auch heute noch bauen, der Bedarf ist aber so gering, dass wir dann immer versuchen, ein nicht mehr benutztes Gerät zurückzukaufen und dann zu reparieren bzw. auf neu aufzumotzen.«[7]

Das **Z**weikreis **R**eflexions **G**oniometer ZRG 3 aus Freiberg berücksichtigt die Verbesserungsvorschläge des niederländischen Kristallographen Pieter Terpstra zu einer veränderten Anordnung von Kollimator und Fernrohr. Diese Goniometer dienten hauptsächlich zur Orientierung von Kristallen für Röntgenstrukturuntersuchungen. Das Museum hat Anfang der 80er Jahre ein ZRG 3 aus dem VEB Präzisionsmechanik Freiberg erworben. ∎

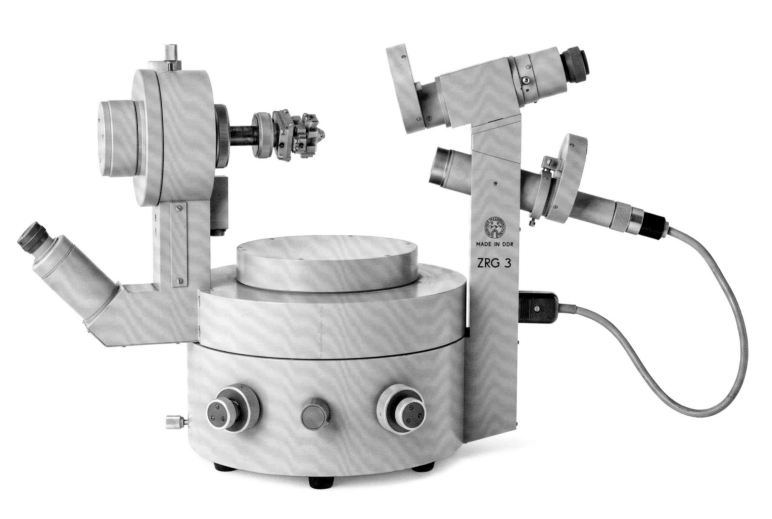

Mit Feuer und Flamme — Lötrohrbestecke und Spektralapparate

Ein Mineral ist durch seine chemische Zusammensetzung und seine Kristallstruktur, d. h. die Anordnung der Atome, gekennzeichnet. Die chemische Analyse war bis zum Aufkommen moderner physikalischer Methoden sehr aufwendig. Das zu untersuchende Mineral musste gelöst, in einzelnen Bestandteile separiert und diese mussten dann gewogen werden. Der Berliner Pharmazeut und Chemiker Martin Heinrich Klaproth gehörte zu den Ersten, die systematisch Minerale analysierten. Seine Ergebnisse veröffentlichte er zwischen 1795 und 1815 in den sechs Bänden seiner *Beiträge zur chemischen Kenntnis der Mineralkörper* (Klaproth 1795–1815). Bei seinen Untersuchungen entdeckte er unter anderem neue chemische Elemente – dessen bekanntestes sicherlich das Uran war. Er stellte fest, dass Eisenmeteorite immer Nickel enthalten und war verwundert, dass er als »wirklich gefundene Bestandteile des untersuchten edlen Opals nur« Kieselerde[1] und Wasser gefunden hat (Klaproth 1797, S. 153). Wie damals üblich, gibt er die genauen Analysengänge an. Die Analysen waren auch mit heutigen Maßstäben gemessen sehr genau. Klaproth analysierte auch die von Alexander von Humboldt aus Amerika mitgebrachten und heute im Museum befindlichen Minerale und Gesteine (Damaschun & Schmitt 2019).

Neben diesen aufwendigen Analysen bestand auch immer der Wunsch nach schnellen, qualitativen Analysen, die man vor Ort durchführen konnte. Das ermöglichte die ›Lötrohrprobierkunst‹, eine pyrochemische Methode, die bereits im 18. Jahrhundert von dem Schweden Anton von Swab in die Mineralogie eingeführt worden war. Der schwedische Chemiker Jöns Jakob Berzelius und der Freiberger Professor für Hüttenkunde Carl Friedrich Plattner bauten die Methode zu einer vollwertigen qualitativen und für bestimmte Fälle auch quantitativen Methode aus (Burchard 1994).

1814 beschrieb der Münchner Optiker Joseph Fraunhofer, seit 1824 Ritter von Fraunhofer, unabhängig, aber 12 Jahre nach William Hyde Wollaston die später nach ihm benannten Fraunhoferschen Linien im Sonnenspektrum. Später entdeckten Gustav Robert Kirchhoff und Robert Bunsen, dass jede der von Wollaston und Fraunhofer beobachteten Linien den Absorptionseigenschaften chemische Elemente in den oberen Schichten der Sonne geschuldet war. Sie bauten diese Erkenntnis zur Methode der Spektralanalyse aus, der ersten physikalischen Methode zur chemischen Analyse. Mit dieser neuen Methode entdeckten sie 1860/61 die neuen Elemente Cäsium und Rubidium. Im Laufe der Zeit wurden immer neue physikalische Methoden entwickelt, die nach und nach die nasschemischen Methoden ablösten. Heute existieren sogar tragbare Geräte, die zerstörungsfrei die chemische Zusammensetzung von Materialien, auch von Museumsobjekten, bestimmen können. ∎

ABBILDUNG: ▶
Jöns Jacob Berzelius bei einem chemischen Versuch. Schwedische Briefmarke aus dem Jahr 1979 von Arne Wallhörn nach dem Frontispiz aus Jöns Jacob Berzelius, *Reseanteckningar*, Stockholm 1903. Berzelius ist einer der Begründer der modernen Chemie. Auf Ihn gehen u. a. die chemische Symbolik und die Formelschreibweise zurück.

1 Siliziumdioxid (SiO_2)

LITERATUR:
Damaschun & Schmitt 2019;
Klaproth 1795–1815; Klaproth 1797;
Plattner 1853

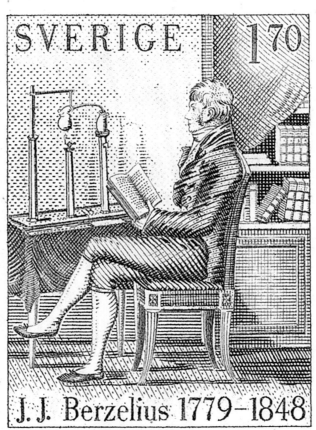

SVERIGE 1 70

J. J. Berzelius 1779–1848

ARNE WALLHORN SC

Chemie mit Blasrohr und Flamme — »die Probierkunst mit dem Löthrohre«

Auf Alexander von Humboldts russischer Reise von 1829 wurde seinem Begleiter Gustav Rose beim Besuch in Barnaul am 3. und 5. August 1829 ein unbekanntes, aus der Grube von Sawodinskoi im Altai stammendes Erz vorgelegt. Rose schreibt in seinem Reisebericht:

»Unter den Mineralien zogen meine Aufmerksamkeit besonders zwei grosse Blöcke eines Silbererzes auf sich, dessen Beschaffenheit man noch nicht kannte, von dem uns aber angeführt wurde, dass es an 60 pCt. Silber enthielte, und in der Grube Sawodinskoi vorgekommen sei. Man hielt es in Barnaul theils für Silberglanz, theils für Antimonsilber. Beides konnte es nach Versuchen mit dem Löthrohr[1], die ich mit den erhaltenen Proben anstellte, nicht sein [...]. Erst nach meiner Zurückkunft fand ich bei einer damit angestellten Analyse, dass es eine bisher noch unbekannte Verbindung von Silber mit Tellur sei [...]« (Rose 1837 S. 520). Gustav Rose entdeckte in dem Material aus dem Altai zwei neue Minerale: Hessit und Altait (Schmitt 2019).

Der junge Professor für Mineralogie an der Berliner Universität Gustav Rose galt, obwohl er zum Zeitpunkt der Reise erst 30 Jahre alt war, bereits als einer der besten Kenner der speziellen Mineralogie und der Lagerstättenkunde.[2] Gustav Rose hatte wie auch sein älterer Bruder Heinrich Rose und sein lebenslanger Freund Eilhard Mitscherlich — beide ebenfalls spätere Professoren an der Berliner Universität — ihre chemische Ausbildung in den frühen 20er Jahren in Stockholm bei Jöns Jakob Berzelius vervollkommnet. Berzelius war in den ersten Jahrzehnten des 19. Jahrhunderts die Kapazität auf dem Gebiet der Chemie, der unter anderem die bis heute gültigen Elementsymbole und die Formelschreibweise in die Chemie einführte. Er entdeckte neben anderen die Elemente Selen und Lithium und nutzte als Erster bis heute gebräuchliche Gerätschaften wie Becherglas und Filterpapier.[3] Als wichtige Analysenmethode entwickelte er die im schwedischen Hüttenwesen schon länger gebräuchliche Lötrohrprobierkunde weiter. Im Vorwort zur vierten Auflage seines Buches *Die Anwendung des Löthrohrs in der Chemie und Mineralogie* schreibt er:

»Die Arbeit, die ich hier dem Publicum übergebe, handelt von einem Gegenstande, der von grosser Bedeutung für den practischen Chemiker, Bergmann und Mineralogen ist. Er macht ein System von chemischen Versuchen aus, die, wie man es in früheren Zeiten nannte, auf trocknem Wege angestellt sind, und dabei so im Kleinen, dass sie oft nur mikroskopisch sind, aber die Resultate derselben bekommt man augenblicklich, und sie sind entscheidend. [...] Wenn man ein Mineral findet, das nicht hinlänglich durch äussere Kennzeichen characterisirt ist, so kann es doch gewöhnlich nur mit einer eingeschränkten Zahl von bekannten Fossilien verwechselt werden. Selten wird es dann fehlschlagen, dass, wenn das Verhalten des neu gefundenen Minerals vor dem Löthrohr mit der Beschreibung von denen verglichen wird, die ihm gleichen, man mit Sicherheit findet, was für ein Mineral es ist« (Berzelius 1844, S. V).

ABBILDUNG: ▶
Löthrohrprobierbesteck, ohne Nr., Hersteller Max Hildebrand, Freiberg, ca. 1880, Inv.-Nr. o/034.

1 Früher schrieb man Lötrohr mit (h) Löthrohr.

2 Russische Kollegen von der Bergbauuniversität in St. Petersburg haben mir (dem Autor) in Gesprächen immer wieder mitgeteilt, wie erstaunt sie seien, dass Rose bei einem oft nur wenige Stunden dauernden Besuch einer Lagerstätte das Wesentliche erkannt hat.

3 Ob Berzelius auch das Reagenzglas erfunden hat, ist umstritten.

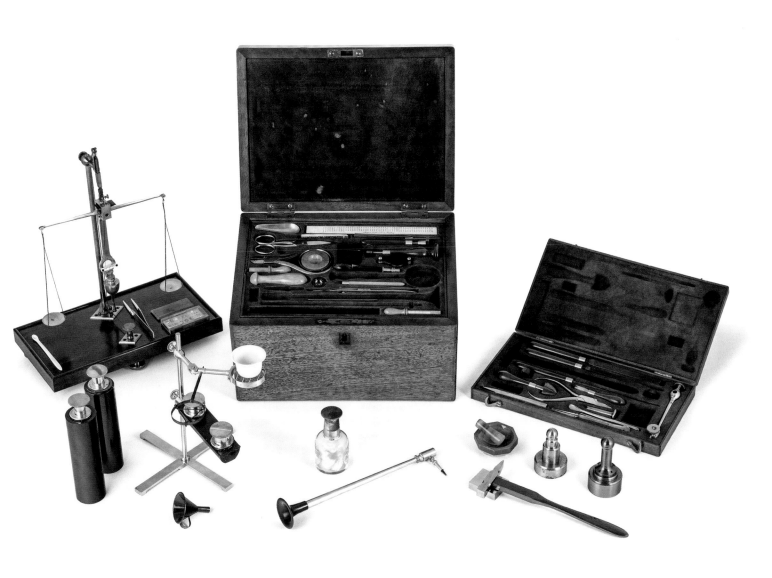

Zum Löthrohrprobierbesteck gehörender Werkzeugkasten zur Probenaufbereitung.

ABBILDUNG: ▶
Löthrohrprobierbesteck, ohne Nr., Hersteller Max Hildebrand, Freiberg, ca. 1880, Inv.-Nr. o/034.
Zum Löthrohrbesteck gehörende Waage (das Waagenbrett ist ein Nachbau).

4   https://www.spektrum.de, aufgerufen am 31.03.2020.

5   *Die Probierkunst mit dem Löthrohre – Anleitung Mineralien, Erze, Hüttenprodukte und verschiedene Metallverbindungen mit Hülfe des Löthrohrs qualitativ auf ihre sämmtlichen Bestandtheile und quantitativ auf Silber, Gold, Kupfer, Blei, Wismuth, Zinn, Kobalt, Nickel und Eisen zu untersuchen* (Plattner 1853).

6   http://saebi.isgv.de, aufgerufen am 31.03.2020 und https://de.wikipedia.org, aufgerufen am 31.03.2020.

LITERATUR:
Berzelius 1844; Plattner 1853

Gustav Rose hatte bei Berzelius auch den Umgang mit dem Lötrohr erlernt. Zur Methode selbst schreibt das Lexikon für Chemie: »*Lötrohrprobe, Lötrohrprobierkunde*, eine sehr alte Methode zur qualitativen Analyse von Erzen und Mineralen auf trockenem Wege. Heute wird die L. vorwiegend als Vorprobe bei der qualitativen anorganischen Analyse angewandt. Die Probe wird entweder allein oder unter Zusatz von Alkalimetallsalzen mit dem Lötrohr auf Holzkohle erhitzt und geschmolzen. Dabei können sich durch Reduktion Metalle bilden und durch Oxidation Beschläge auf der Holzkohle entstehen. Aus der Farbe und den visuell zu beobachtenden Eigenschaften der entstandenen Produkte lassen sich Rückschlüsse auf die Zusammensetzung der Probe ziehen«.[4]

Über Berzelius kam diese Methode an die Bergakademie Freiberg. Vor allem Carl Friedrich Plattner entwickelte sich zum ›Papst‹ der »Probierkunst mit dem Löthrohre«, wie auch sein in sehr vielen Auflagen erschienenes Lehrbuch heißt (Plattner 1853). Wie aus dem vollständigen Titel der Publikation hervorgeht, entwickelte Plattner die Technik für die Metalle Silber, Gold, Kupfer, Blei, Wismut, Zinn, Kobalt, Nickel und Eisen auch zu einer quantitativen Methode.[5]

Im Umfeld der Bergakademie hatten sich mehrere Werkstätten angesiedelt, die die für die Wissenschaft und den Bergbau notwendigen Messinstrumente herstellten. Sie fertigten auch komplette, mit vielen kleinen Spezialinstrumenten und Werkzeugen versehenen Lötrohrbestecke an. Die äußerst sorgfältig gearbeiteten Bestecke sind in mit Samt ausgeschlagenen Kästen untergebracht.

Das Museum besitzt zwei Bestecke verschiedener Größe. Das größere wurde bei Lingke, das kleinere bei dessen Nachfolger Hildebrand gefertigt. Die Familie Lingke gehörte zu den bedeutenden Freiberger Patriziergeschlechtern. 1809 erhielt Wilhelm Friedrich Lingke eine Anstellung als Waage- und Gewichtsjustierer beim Königlichen Oberbergamt in den Freiberger Schmelzhütten. 1823 erfolgte die Ernennung zum Bergmechanikus der Bergakademie. Im selben Jahr übernahm er die 1791 gegründete Werkstatt seines Lehrmeisters Studer. 1840 stellte er seinen Sohn August Friedrich Lingke als Gehilfen ein. Sein Sohn führte die Herstellung feinmechanischer und optischer Instrumente mit Erfolg bis zum Verkauf des Unternehmens an Max Hildebrand 1873 weiter. Hildebrand verbesserte viele geodätische und astronomische Instrumente und spezialisierte sich vor allem auf Geräte für das Markscheidewesen. Die heutige FPM Holding GmbH führt ihren Ursprung auf diese Werkstätten zurück.[6] ■

Dunkle Linien im Licht der Sonne — die Spektralanalyse

Heute werden nahezu alle chemischen Analysen mit physikalischen Verfahren ausgeführt. Dazu werden die unterschiedlichsten Effekte genutzt. Es existieren Methoden, die Material verbrauchen und solche, die zerstörungsfrei arbeiten. Fast alle sind jedoch nicht standardfrei, d. h. sie benötigen Vergleichsproben.

Begonnen hat die Ära der physikalischen Methoden vor über 200 Jahren. 1802 fand William Hyde Wollaston im Spektrum der Sonne sieben dunkle Linien, konnte sie aber ebenso wenig deuten wie Joseph Fraunhofer, der zwölf Jahre später die gleiche Beobachtung machte. Diese Linien sind nach ihm Fraunhofersche Linien benannt. Die Deutung gelang erst Gustav Robert Kirchhof[1] und Robert Wilhelm Eberhard Bunsen.

Sie fanden heraus, dass jedes chemische Element mit einer spezifischen Anzahl und Anordnung von Spektrallinien assoziiert ist. Sie entstehen bei der Lichtemission oder -absorption von Atomen und Molekülen. Sie schlossen daraus, dass die von Wollaston und Fraunhofer beobachteten Linien den Absorptionseigenschaften dieser Elemente in den oberen Schichten der Sonne geschuldet sind. Einige der Linien werden jedoch auch durch die Bestandteile der Erdatmosphäre hervorgerufen.[2] Man nutzt die Spektren von Sternen auch heute noch, um deren chemische Zusammensetzung zu analysieren.

Um die Linien zu beobachten, nutzten sie, wie auch schon Wollaston und Fraunhofer, die Abhängigkeit des Brechungsindex von der Wellenlänge des Lichts. Dadurch wird das Licht in einem Prisma in seine einzelnen Wellenlängen aufgespalten.

Die Geräte, die sie dazu entwickelten, waren Goniometern sehr ähnlich. An Stelle des Kristalls wurde ein Glasprisma aufgesetzt und durch den Kollimator das Licht eines Brenners, indem man eine Lösung der zu untersuchenden Substanz verdampfte, auf dieses Prisma geleitet. Im Fernrohr konnte man dann das Spektrum beobachten. Der von Bunsen zu diesem Zweck entwickelte Brenner bekam seinen Namen: Bunsenbrenner. Die Hersteller von Reflexions-Goniometern priesen in ihren Katalogen ihre Instrumente damit an, dass sie auch als Spektrometer zu benutzen seien. Die Nachweisgrenze der Spektroskopie war sehr niedrig. Kirchhof und Bunsen gelang es, die neuen Elemente Cäsium und Rubidium im Mineralwasser der Maxquelle in Dürkheim nachzuweisen. Bunsen isolierte schließlich 9 Gramm Rubidium-Chlorid aus 44.200 Liter Mineralwasser, das entspricht einem Gehalt von ca. 0,00002 Prozent.

Ende des 19. Jahrhunderts begann man die Spektren fotografisch aufzuzeichnen, um sie dann in Ruhe auswerten und vergleichen zu können. Die Geräte heißen Spektrographen. Das Museum besitzt aus dieser Zeit einen Spektrographen der Firma Rudolf Fuess in Berlin-Steglitz.

1 Kirchhoff war ein Schüler von Franz Ernst Neumann, der wiederum bei Christian Samuel Weiss in Berlin studiert hatte. Seine Tochter war mit Carl Wilhelm Franz von Branca verheiratet. Er organisierte die Tendaguru-Expedition, und nach ihm ist das zentrale Ausstellungsstück im Sauriersaal benannt: *Brachiosaurus brancai* — *Giraffatitan brancai*.

2 https://de.wikipedia.org, aufgerufen am 31.03.2020.

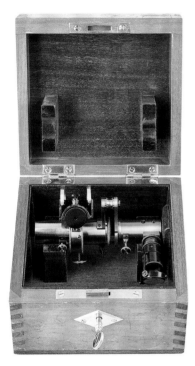

Holzkiste mit Spektralokular

Das Instrument sieht dem Großen Spektrometer, wie es im Buch von Carl Leiss über die optischen Instrumente der Firma R. Fuess abgebildet ist, sehr ähnlich. Anstelle des Beobachtungsfernrohrs ist eine Kamera montiert, mit der man die Spektren aufzeichnen konnte Das Spektrometer erlaubte die Aufnahme von Emissions- und Absorptionsspektren (Leiss 1899, S. 2). Vermutlich wurde das Gerät um 1900 hergestellt.

Neben den klassischen Verfahren suchten Wissenschaftler nach einer Methode, zerstörungsfrei auch kleine Materialmengen zu analysieren. Eine Lösung bot das von Ernst Abbe entwickelte Spektralokular. Mit ihm konnten die Absorptionsspektren von biologischen und mineralogischen Objekten unter dem Mikroskop analysiert werden. Das Instrument wurde auch an Fernrohren eingesetzt, um Spektren astronomischer Objekte zu analysieren. Da spektroskopische Verfahren nicht standardfrei arbeiten, besteht die Möglichkeit, Spektren von Vergleichsobjekten einzuspiegeln. Bei diesem Hilfsapparat handelt es sich um die erste ausgeführte Neukonstruktion von Carl Zeiss nach Angaben von Ernst Abbe, zugleich stellt der Bericht über dieses Spektralokular im Jahre 1870 die erste Publikation von Abbe in Jena dar (Abbe 1870). Ein Spektralokular kostete 1891 165 Mark; das teuerste Zeiss-Mikroskop mit 6 Objektiven und 9 Okularen 2.295 Mark und das billigste Trichinenmikroskop 71,20 Mark (Zeiss 1891). Das Spektralokular aus der Sammlung des Museums wurde am 10. August 1897 ausgeliefert und am 24. Februar 1921 in Jena instandgesetzt.

In der Mineralogie nutzt man heute elektronisch arbeitende Mikroskop-Spektrometer in der Auflichtmikroskopie von Erzen. Sie nutzen die spektrale Zusammensetzung des von der Probe reflektierten Lichts. ∎

ABBILDUNG: ▶
Spektralokular nach Ernst Abbe, Nr. 598, Hersteller Carl Zeiss Jena, Auslieferung 10. August 1897, Instandsetzung in Jena 24. Februar 1921, Inv.-Nr. o/039.

LITERATUR:
Abbe 1870; Leiss 1899; Zeiss 1891

CHEMIE - MIT FEUER UND FLAMME

Dokumentieren in allen Dimensionen — Fotografie in der Wissenschaft

Die Bilddokumentation auf Exkursionen und von Forschungsergebnissen spielte stets eine wichtige Rolle. Bis in die Mitte des 19. Jahrhunderts gehörte zu großen Expeditionen und Forschungsreisen häufig ein Zeichner oder Maler. Frauen waren dabei eher eine Seltenheit. So ist es besonders bemerkenswert, dass zu den berühmtesten und bekanntesten Bilddarstellungen der Wissenschaftsgeschichte die Bilder von Maria Sibylla Merian aus ihrem Werk *Metamorphosis insectorum Surinamensium* gehören. Gemalt hat sie die Bilder während einer zweijährigen Reise in die niederländische Kolonie Suriname ab 1699.

Äußerst bemerkenswert sind auch die mikroskopischen Zeichnungen des an der Berliner Universität wirkenden Zoologen, Mikrobiologen, Ökologen und Geologen Christian Gottfried Ehrenberg. Er hat mit seinen Arbeiten die Zoologie in eine neue, kleine Dimension geführt. Die auf Vorlagen von Ernst Haeckel beruhenden Darstellungen in den *Kunstformen der Natur* beeinflussten wesentlich die Formensprache des Jugendstils. Häufig wurden und werden für Zeichnungen nach mikroskopischen Präparaten Zeichenapparate, die nach dem Prinzip der von William Hyde Wollaston erfundenen Camera Lucida arbeiten, verwendet.[1]

Bald nach der Erfindung der Fotografie nutzten Fotografen sie auf Forschungsreisen. Dazu mussten sie ihre großen Plattenkameras in die entlegensten Winkel der Erde bringen. In der weiteren Entwicklung der Fototechnik wurden die Kameras immer handlicher und die Verarbeitung des belichteten Materials immer praktikabler. Heute gehört eine elektronische Kamera als optisches Notizbuch zur Grundausrüstung jedes Forschungsreisenden.

Nachdem Claude Félix Abel Niépce de Saint-Victor 1847 ein Verfahren zur Fotografie auf Glasplatten entwickelt hatte, hielt die Fotografie auch Einzug in die Mikroskopie. In den Anfängen der Mikrofotografie feierte das Sonnenmikroskop[2] eine Renaissance (Url 1961). Danach nahm die Mikrofotografie einen schnellen Aufschwung. Allerdings war der apparative Aufwand lange Zeit sehr hoch. Heute ist nahezu jedes Forschungsmikroskop mit einer elektronischen Kamera ausgerüstet. ∎

ABBILDUNG: ▶
Andreas Franz Wilhelm Schimper mit einem Farn (*Nephrodinum aquitinum*), aufgenommen an Bord der Valdivia am 5. Januar 1899.

1 Siehe: *Auf dem Weg zur Weltfirma – einfache Mikroskope von Belthle und Leitz*, S. 26f.

2 Siehe: »*Den Floh in der Grösse eines Elephanten darstellen*« *– Sonnenmikroskope*, S. 18

506

Mit Glasplatte und Planfilm — die Laufbodenkamera Donata 227/7

Detail der Objektivstandarte mit dem Objektiv Tessar von Carl Zeiss Jena und dem Compur-verschluss von Friedrich Deckel München

ABBILDUNG: ▶
Laufbodenkamera Donata 227/7,
Nr. M 82434, Hersteller Kamera Zeiss Ikon Dresden, Objektiv Carl Zeiss Jena, Verschluss Friedrich Deckel München, zwischen 1927 und 1931, Inv.-Nr. o/038, mit Filmkassette und Ledertasche.

1   https://de.wikipedia.org, aufgerufen am 13.03.2020.

2   Das Tessar ist der bekannteste Objektiv-typ der Firma Carl Zeiss Jena. Es wurde von Paul Rudolph berechnet und am 25. April 1902 für die Firma Carl Zeiss patentiert. Das zusammengekittete hintere Linsenpaar des Tessar wurde über viele Jahrzehnte zum Firmenlogo der Zeiss-Werke.

3   Der Compur-Verschluss ist eine Zentral-verschlussbauart. Sie wurde vornehmlich in die Objektive von Großbildkameras und ein- und zweiäugigen Spiegelreflex-Kame-ras eingebaut. Sie waren sehr hochwertig und vergleichsweise teuer. Compur-Ver-schlüsse fanden daher meist in Objektiven der gehobenen oder besten Qualität Verwendung.

Für hochauflösende Studio- und Landschaftsaufnahmen werden bis heute Balgenkameras verwendet. Sie bieten den Vorteil, dass die wichtigsten Kamerateile — Objektiv- und Film-standarte — zur Auszugsveränderung präzise gegeneinander verschoben und zum Ausgleich von Verzerrungen geneigt werden können. Das große Format der Glasplatten oder Planfilme ermög-lichte hohe Auflösungen. Noch heute beeindrucken historische, mit Balgenkameras gemachte Fotoaufnahmen durch ihre Schärfe. Ein Nachteil waren die Unhandlichkeit und die Langsamkeit: Die Kamera musste auf einem Stativ aufgebaut, der Bildausschnitt und die Schärfe mit Hilfe einer Mattscheibe eingestellt werden. Dazu verbarg sich der Fotograf zumeist unter einem schwarzen Tuch. Zur eigentlichen Aufnahme wurde die Mattscheibe gegen eine Filmkassette ausgewechselt und die Glasplatte oder der Planfilm konnte belichtet werden. Im Laufe der technischen Weiter-entwicklung wurden die Kameras kleiner und komfortabler. Zur einfachen Handhabung der Kamera konnte der Balg auf dem aufgeklappten Kameraboden verschoben werden. Man nennt diesen Kameratyp Laufbodenkamera.

Sehr hochwertige kleine Laufbodenkameras stellte die Firma Zeiss Ikon in Dresden her. Die Gründung der Zeiss Ikon AG war eine der größten Industriefusionen in der Zeit der Weimarer Republik.[1] Zu dieser Aktiengesellschaft schlossen sich die wichtigsten und größten Kamera-hersteller aus Deutschland zusammen. Mehrheitseigener der AG war Carl Zeiss in Jena. Neben Kameras wurden auch Schlösser gebaut. Der heutige Standard-Schließzylinder geht auf ein Pa-tent von Zeiss Ikon zurück. Zeiss Ikon produzierte neben hochwertigen Kameras auch solche für den Massenmarkt. Ein Vorteil für die Firma war die Kompetenz der Zeiss-Werke bei der Objektiv-herstellung.

Wie bei vielen Betrieben gab es nach dem Zweiten Weltkrieg zwei Zeiss Ikon Werke. In der DDR ging aus dem Werk nach mehreren Umbenennungen der VEB PENTACON Dresden hervor. Die enge Verbindung zu Zeiss blieb sowohl in den ostdeutschen als auch in den westdeutschen Nachfolgebetrieben erhalten.

Die abgebildete Laufboden-Kamera vom Typ Donata 227/7 wurde zwischen 1927 und 1931 für das Filmformat 9 x 12 cm gebaut. Die Kamera besitzt ein Gehäuse aus Leichtmetall mit Leder-bezug. Sie ist mit einem Objektiv von Typ Tessar[2] der Zeiss-Werke und einem Compur-Zentral-verschluss[3] versehen. Die Objektivstandarte ist sowohl höhen- und seitenverschiebbar als auch kippbar. ∎

Auf sicherem Fuß — Stative für Großformatkameras

Detail mit Kurbelmechanismus.

Um eine hohe Auflösung zu erreichen, verwendete man in der Analogfotografie Großbildkameras. Formate von 18 x 24 cm und größer waren durchaus üblich. Die Kameras waren dementsprechend groß und schwer. Da auch die Filme, an heutigen Maßstäben gemessen, recht unempfindlich waren und damit lange Belichtungszeiten benötigten, brauchte man große und schwere Stative, um die notwendige Stabilität zu erreichen. Leider besitzt das Museum keine historische Großformatkamera[1], jedoch sind mehrere Stative für derartige Kameras erhalten geblieben.

Eines der erhaltenen Exemplare ist ein Studiostativ. Es ist sehr sorgfältig aus Holz gefertigt, die mechanischen Teile aus Metall. Die Aufnahmeplatte für die Kamera konnte vermittels einer Zahnstange gehoben, gesenkt und mit einem Zahnkranz geneigt werden. Die Triebe sind arretierbar. Alle anderen Einstellungen erfolgten an der Kamera selbst. Da keine Halterung für die Objektiv- und die Filmstandarte vorhanden ist, kann man annehmen, dass sie vorrangig für Laufbodenkameras vorgesehen war.

Das zweite ist ein zusammenlegbares Stativ. Auch dieses ist sehr stabil aus Holz und Metall gebaut. Doch es lassen sich die Bewegungen der Kameraplatte nicht so exakt einstellen wie bei dem Studiostativ. Sein hohes Gewicht machten es als Reisestativ allerdings wenig geeignet. ∎

ABBILDUNG: ▶
Holzstative für Plattenkameras,

links: transportables Stativ, Hersteller unbekannt, ca. 1900, Inv.-Nr. o/047,

rechts: Studiostativ, Hersteller unbekannt, ca. 1900, Inv.-Nr. o/112.

1 Mehrere Großformatkameras fielen 1982 einem Brand im Museum für Naturkunde zum Opfer.

Kleinbildkamera Exa, Hersteller Ihagee Kamerawerk Dresden, 1959/60.

Detail mit Lichtschacht, Kamerabezeichnung und Hersteller.

1   Zur Geschichte der Leica-Kameras: Osterloh 2004 siehe: https://de.wikipedia.org, aufgerufen am 15.03.2020.

2   Ihagee steht für Industrie- und Handelsgesellschaft mbH.

3   Die Exakta-Baureihe wurde so berühmt, dass eine Exakta sogar James Stewart in dem Filmklassiker *Das Fenster zum Hof* von Alfred Hitchcock zum Beobachten seiner Nachbarn diente.

4   Zur Geschichte des Kamerabaus in Dresden siehe: https://www.dresdner-kameras.de, aufgerufen am 13.03.2020.

Spiegelreflexkameras aus Dresden – Exa, Praktica, Six

Im Jahr 1924 ging bei Ernst Leitz die erste Kamera, die auf Kinofilm fotografierte, in Serie: die **Leitz Camera**. Entwickelt hatte die Leica der Chefkonstrukteur von Leitz, Oskar Barnak; das Objektiv hatte Max Berek gerechnet. Berek war Mineraloge und Mathematiker und hatte bei Theodor Liebisch, der zu dieser Zeit Direktor des Mineralogisch-Petrographischen Instituts und Museums an der Berliner Universität war, promoviert. Institut und Museum befanden sich im heutigen Gebäude des Museums für Naturkunde. Leicas waren wegen ihres hohen mechanischen Aufwands sehr teuer, und so dauerte es längere Zeit, bis sich die Kleinbildfotografie durchsetzen konnte.[1] In den 30er Jahren entwickelte man in der Dresdener Firma Ihagee[2] die erste Spiegelreflexkamera für das Kleinbildformat, die Kine Exakta. Sie ist die Mutter aller modernen Spiegelreflexkameras.[3]

Das Dresdener Werk ging ebenso wie Zeiss Ikon im VEB PENTACON auf. Um den Namen Exakta gab es einen langjährigen Namensstreit mit dem westdeutschen Nachfolgebetrieb des Ihagee Werkes. Parallel zur Exakta wurde im Kamerawerk Niedersedlitz die Spiegelreflexkamera Practika gebaut. 1972 gab man die Produktion der Exakta zu Gunsten der Practica auf. Sie wurde zu der Spiegelreflexkamera der DDR und in immer neuen, weiterentwickelten Varianten hergestellt. Den Sprung ins vollelektronische Zeitalter der Fotografie schaffte die Praktica nicht. Nur die kleine Schwester der Exakta, die Exa erinnerte noch an den Namen. Sie wurde von 1950 in verschiedenen Baureihen bis 1987 nahezu 1,4 Millionen mal gebaut.

Für das Mittelformat 6 x 6 wurden die Spiegelreflexkameras Pentacon six und Pentacon six TL als Nachfolgerin der 1956 auf den Markt gebrachten Praktisix in mehreren Varianten von 1966 bis 1990 im Dresdner Stadtteil Niedersedlitz gebaut.[4] Bei Fotografen hieß sie kurz nur Six. ■

Fotografie mit zwei Augen – Belplasca und Belplascus

Stereokamera Belplasca, ohne Nummer, Hersteller Belca-Werk Dresden, nach 1954, Inv.-Nr. o/087.

Bei den beiden Objektiven handelt es sich um Tessare von Carl Zeiss mit einer Brennweite von 37,5.

Die Fabrik photographischer Artikel Max Baldeweg in Laubegast[1] bei Dresden wurde 1908 gegründet.[2] Die ersten Kameras erschienen 1925 auf dem Markt. Nach einer Vergrößerung des Betriebes wurden ab 1927 zahlreiche preiswerte Amateurkameras als Box-, Planfilm- und Rollfilm-Kameras hergestellt. 1946 folgte die Verstaatlichung des Dresdner Unternehmens[3] und 1951 die Namensänderung in Belca-Werk. Die Eingliederung in den VEB Kamera-Werke Niedersedlitz im Jahr 1956 beendete die Eigenständigkeit der Firma.

Für das Stereoformat 24 x 30 mm x 2 war die 1953 auf der Leipziger Messe gezeigte Belca-Plastica vorgesehen, die in der Serienproduktion ab 1954 als Belplasca bezeichnet wurde. Die solide gefertigte Stereokamera zeichnete sich unter anderem dadurch aus, dass die Einstellvorgänge nicht für jedes Objektiv (2 x Tessar 3,5/37,5) einzeln ausgeführt werden mussten. Der zugehörige Stereoprojektor Belplascus wurde ab 1956 ebenfalls vom VEB Kamera-Werke Niedersedlitz gebaut. Die beiden Bilder wurden mit polarisiertem Licht projiziert. Mit einer entsprechenden Brille entstand ein räumlicher Eindruck.[4] ∎

ABBILDUNG: ▶
Stereokamera und Stereoprojektor,

links: Stereoprojektor Belplascus V, ohne Nummer, Hersteller: VEB Kamera-Werke Niedersedlitz, nach 1957, Inv.-Nr. o/105,

rechts: Stereokamera Belplasca, ohne Nummer, Hersteller Belca-Werk Dresden, nach 1954, Inv.-Nr. o/087.

1 Heute ist Laubegast ein Stadtteil von Dresden.

2 Der Firmengründer war der Mechanikermeister Max Baldeweg.

3 1947 hat Max Baldeweg daraufhin in Bad Oeynhausen die Balda AG gegründet. Sie firmiert heute unter dem Namen Clere AG.

4 Zur Geschichte des Kamerabaus in Dresden siehe https://www.dresdner-kameras.de, aufgerufen am 13.03.2020.

»Ich erhielt ein scharfes 500 fach vergrössertes Bild« – die Anfänge der Mikrofotografie

Zu der Kamera gehört ein Objektiv vom Tessar-Typ. Je nach Stellung können vergrößerte oder verkleinerte Aufnahmen hergestellt werden.

ABBILDUNG: ▶
Vertikalkamera Standard, Nr. 9071, Hersteller Carl Zeiss Jena, Anfang 1950er Jahre, ohne Inv.-Nr., mit Polarisationsmikroskop Dialux Pol, Nr. 560154, Hersteller Ernst Leitz Wetzlar, Auslieferung August 1960, ohne Inv.-Nr.

Die Kamera erlaubt Aufnahmen mit und ohne Mikroskop im Format 9x12.

1 Der Amateurfotograf Auguste Nicolas Bertsch war ein Pionier der Mikrofotografie.

2 Samuel Highley war ein Hersteller von Mikroskopen und andern optischen Instrumenten in London.

3 Fierländer wird mehrfach im Zusammenhang mit der Mikrofotografie erwähnt, Näheres ist bis heute nicht bekannt.

4 Es handelt sich um einen Phlogopit, South Burgess liegt in Ontario, Kanada.

5 Vogel schreibt den Namen des Mikroskop-Herstellers Schick, richtig muss es Schiek heißen.

Heute sind nahezu alle modernen Mikroskope mit Digitalkameras ausgerüstet. Das sah zu Beginn der Mikrofotografie ganz anders aus. Ab 1860 war Hermann Wilhelm Vogel Assistent bei Gustav Rose in der Mineralogischen Sammlung. Er hatte sich besonders der Fotochemie zugewandt und erstmals auch fotografische Aufnahmen am Mikroskop nach einem von ihm angegebenen Verfahren ausgeführt. Rose ermöglichte es ihm, neben seinen Aufgaben als Assistent im Jahre 1863 in Göttingen mit einer Dissertation zu promovieren, die die erste wissenschaftliche Arbeit zur Fotografie darstellte, und konnte ihn dann zum Assistenten aufrücken lassen (Hoppe 2003). Sein Verfahren zur Mikrofotografie beschreibt er in einer 1862 publizierten Arbeit: *Ueber ein einfaches Verfahren, mikroskopische Ansichten photographisch aufzunehmen.*

Er schreibt: »Jeder Naturforscher weiss, wie mühsam und zeitraubend das Nachzeichnen der mittelst des Mikroskops beobachteten vergrösserten Bilder verschiedener Objecte ist und wie sehr solche Copien oft vom Originale abweichen.

Diese Umstände haben schon seit längerer Zeit Männer wie Bertsch in Paris[1], Highley in London[2], Fierländer[3] in Deutschland u. A. veranlasst, die Photographie zur Aufnahme mikroskopischer Ansichten anzuwenden und es ist diesen auch gelungen, treffliche ›Mikrophotographien‹ anzufertigen. Das Verfahren, dessen sich diese Herren bedienen, ist jedoch nur zum Theil bekannt geworden. Bertsch und Highley benutzten dazu eine Art Sonnenmikroskop, bei dem der Bildschirm durch eine photographische Platte ausgetauscht werden kann. [...]

Ich versuchte deshalb, ob es nicht möglich sey den erwähnten kostspieligen Apparat ganz zu entbehren und die Bilder, die das Beobachtungsinstrument zeigt, unmittelbar aufzunehmen. Ich nahm den von mir aus England mitgebrachten, seines Asterismus wegen so merkwürdigen Glimmer von South Burgess[4], spannte ihn in ein Schick'sches Mikroskop[5] und legte dieses horizontal. In dieser Stellung combinirte ich dasselbe mit einer kleinen photographischen Camera mit einer simplen achromatischen Linse (sogenannten Landschaftslinse) von circa 4" Brennweite, so dass die optischen Axen beider Instrumente zusammenfielen und das Objectiv der Camera das Ocular des Mikroskops fast berührte. [...]

Ich erhielt nach 25 Sekunden Exposition ein scharfes 500 fach vergrössertes Bild der beobachteten Krystalle, deren genauere Betrachtung mich auf die Vermuthung brachte, dass dieselben Cyanit seyen, eine Ansicht, der Hr. Prof. G. Rose beistimmte. Diese Methode, Mikrophotographien anzufertigen, ist so einfach, dass sie Jeder anwenden kann, der mit den photographischen Operationen einigermassen vertraut ist« (Vogel 1862, S. 629f).

Vogel übernahm 1864 den Lehrstuhl für Fotochemie an der Berliner Gewerbeakademie.

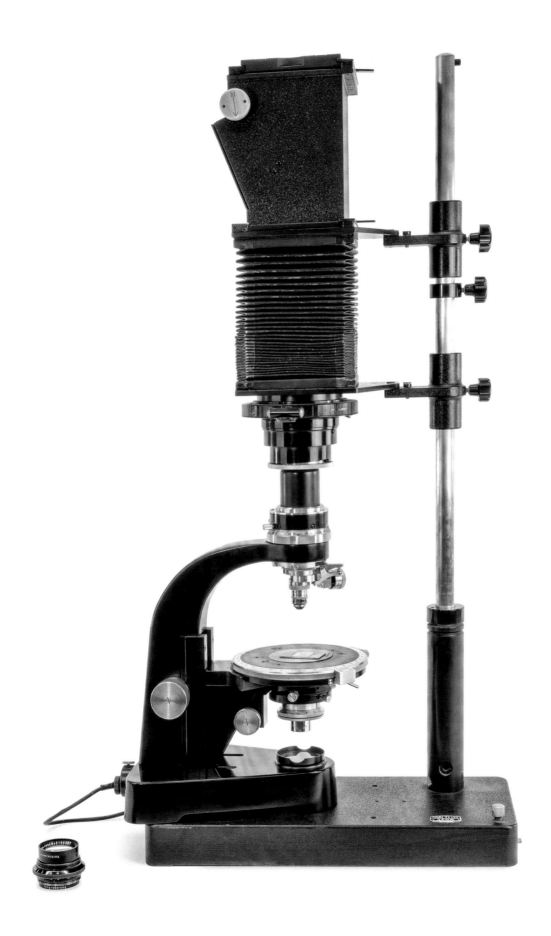

Granit, Dünnschlifffoto unter gekreuzten Polarisatoren

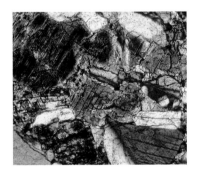

Meteorit (Eukrit), Millibillillie, Australien, Dünnschlifffoto unter gekreuzten Polarisatoren, Bildbreite: 3,8 mm

An dem apparativen Aufbau hatte sich lange nichts geändert; einzig das Okular des Mikroskops und das Objektiv der Kamera wurden durch ein Projektiv ersetzt.

So beschreibt Carl Zeiss Jena im Firmenkatalog vom Frühjahr 1951 seine Vertikalkamera folgendermaßen: »Einfachheit und Schnelligkeit in der Bedienung, Vielseitigkeit in der Anwendung und Höchstleistung auf den verschiedensten Gebieten der Mikro- und Makro-Photographie sind die Vorzüge dieses Gerätes. Von besonderer Bedeutung ist die Möglichkeit der Einstellung verschiedener Abbildungsmaßstäbe durch Veränderung des Kameraauszuges – unabhängig vom Abbildungsmaßstab, der sich aus der benutzten Optik ergibt. Kamera und Mikroskop sind getrennt. Der Benutzer hat dadurch die Möglichkeit, jedes vorhandene, für mikrophotographische Zwecke geeignete Mikroskop zu verwenden und den Ausbau durch Zusatzeinrichtungen vorzunehmen« (Zeiss 1951). Die Kamera kostete 660 DM (Ost).

Ab Mitte der 1950er Jahre wurde von Carl Zeiss Jena die Zeiss-Universal-Aufsetzkamera »Miflex« produziert. Sie war weniger aufwendig als die Vertikalkamera, einfach zu bedienen und sehr flexibel einsetzbar. Die Abkürzung steht für **Mi**kroskopkamera und **flex**ibel. Die Aufsetzkamera ermöglichte neben Aufnahmen auf Planfilm auch die Nutzung von Kleinbildkameras. Die Beobachtung des Objektes im Einstellfernrohr wurde durch eine Strahlenteilung ermöglicht. Sie ist so bemessen, dass etwa 80 Prozent des Lichtes in die Kamera und etwa 20 Prozent in das Einstellfernrohr gelangen. Das Museum besitzt sehr viele »Miflex«. Sie waren bis in die 1990er Jahre im Einsatz; zum Schluss auch mit elektronischen Kameras. ∎

ABBILDUNG: ▶
Zeiss-Universal-Aufsetzkamera »Miflex«, ohne Nummer, Hersteller Carl Zeiss Jena, 1950er Jahre, hier in Kombination mit einem Mikroskop Typ LuWdE von Carl Zeiss Jena und einer Praktica mat. Daneben Kamera für Aufnahmen auf Planfilm, ohne Inv.-Nr.

LITERATUR:
Hoppe 2003; Vogel 1862; Zeiss 1951

FOTOGRAFIE IN DER WISSENSCHAFT

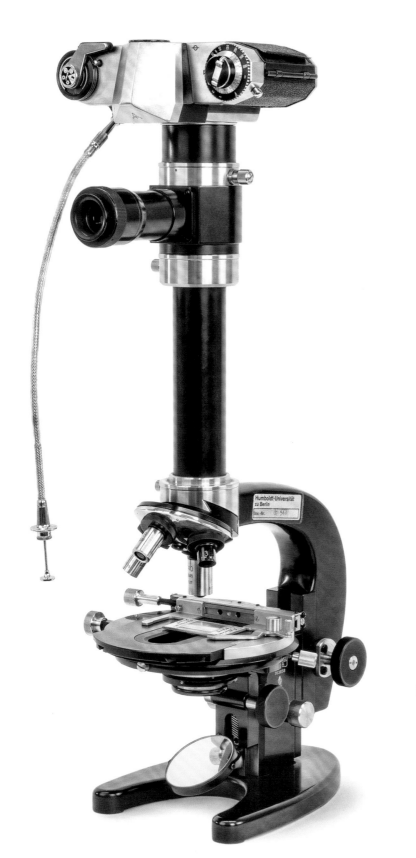

Rückblick ins analoge Zeitalter — Vergrößerungsgeräte

Detail mit dem Firmenschild

Heute heißt das Fotolabor ›Photoshop‹ oder hat den Namen eines anderen Bildbearbeitungsprogramms. Das ›printen‹ — wenn überhaupt — erfolgt über einen Farbdrucker, über ein Internet-Labor oder im Copyshop.

In den Zeiten der anlogen Fotografie befanden sich im Museum mehrere Fotolabore für das Entwickeln der Filme und das Ausbelichten von Abzügen. Es gab Labore, in denen Fotografinnen und Fotografen oder Laborantinnen und Laboranten arbeiteten, aber auch solche für die Wissenschaftlerinnen und Wissenschaftler. Übriggeblieben ist eine Vielzahl von Vergrößerungsgeräten für nahezu alle Film- und Plattenformate. In der DDR waren vor allem Geräte der tschechoslowakischen Firma Meopta verbreitet: Axomat, Opemus, Magnifax. Zur Ausstattung der Labore gehörten neben den Vergrößerungsgeräten vor allem Trockenpressen.

Mit der zunehmend an Bedeutung gewinnenden analogen Farbfotografie wurden die Laborarbeiten mehr und mehr aus dem Museum ausgelagert. Seitdem im Museum nur noch digital fotografiert wird, existiert kein Fotolabor mehr. Die fotografischen Arbeiten konzentrieren sich auf die Darstellung von Museumsobjekten für Veröffentlichungen und Datenbanken. ∎

ABBILDUNG: ▶
Vergrößerungsgerät Magnifax Typ 74210, Nr.13860, Hersteller Meopta, Tschechoslowakei, zwischen 1958 und 1973, ohne Inv.-Nr.

Das Vergrößerungsgerät erlaubte Vergrößerungen bis zum Filmformat 6x9.

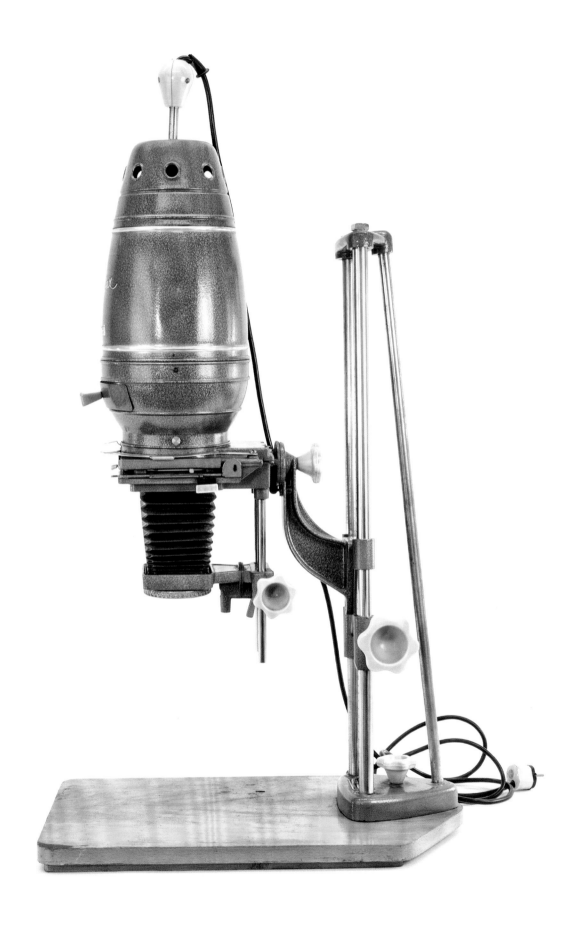

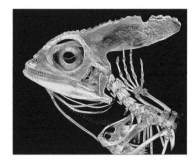

Helmleguan, *Corytophanes* sp ZMB 51331

ABBILDUNG: ▶
Zu den modernsten Methoden, die gegen-
wärtig im Museum eingesetzt werden, gehört
die Computertomographie. Die Methode
stammt ursprünglich aus der Medizintechnik
und erlaubt eine zerstörungsfreie, schicht-
weise Untersuchung von zoologischen und
geologischen Objekten. Dazu werden die
Objekte mit Röntgenstrahlen in verschiedene
Richtungen durchstrahlt und diese von
einem Detektor registriert. Ein Computer
errechnet daraus ein dreidimensionales
Modell des Objektes.

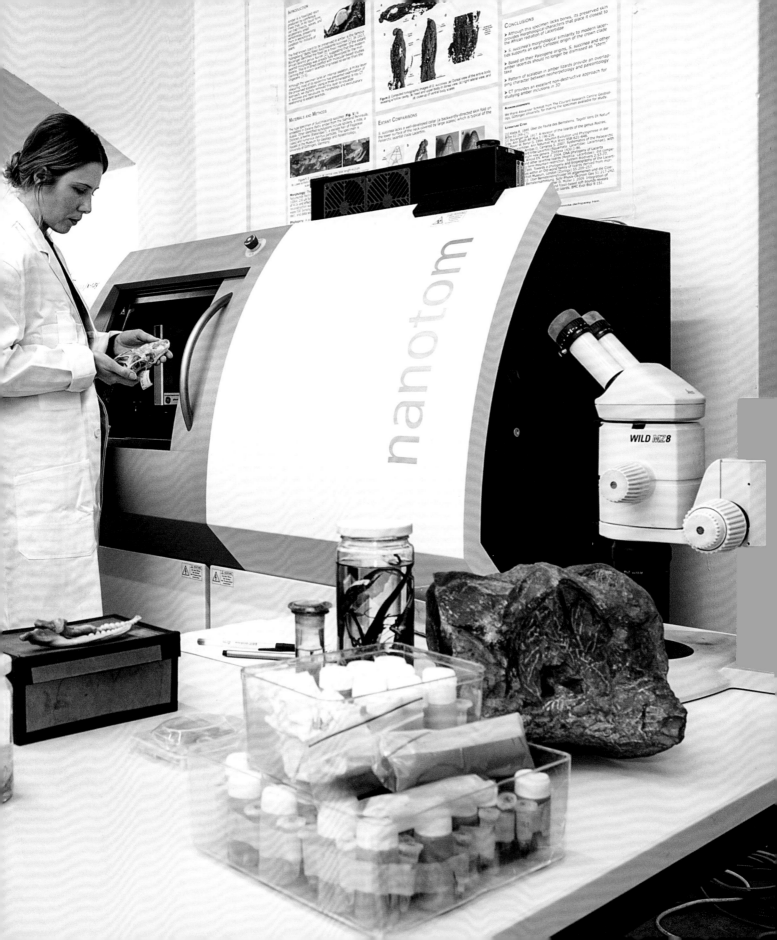

Bibliografie

Agricola 1556 Agricola, Georgius, De re metallica libri XII, Basel: Froben 1561.

Abbe 1870 Abbe, Ernst, Ueber einen Spektralapparat am Mikroskop, in: Jenaische Zeitschrift für Medicin und Naturwissenschaft, Bd. 5, Leipzig: Wilhelm Engelmann 1870, S. 459–470.

Apstein 1896 Apstein, Carl, Das Süsswasserplankton – Methode und Resultate der quantitativen Untersuchung, Kiel, Leipzig: Lipsius & Tischer 1896.

Bartholin 1670 Bartholin, Erasmus, Experimenta crystalli islandici disdiaclastici quibus mira et insolita refractio detegitur, Hafinae (Kopenhagen): Sumptibus Danielis Paulli 1670.

Bauer 1909 Bauer, Max, Edelsteinkunde, Leipzig: Tauchnitz 1909.

Beck 1994 Beck, Rolf, Führer durch die Sammlung historischer Mikroskope von Ernst Leitz, hrsg. von Leica Mikroskopie u. Systeme GmbH, Wetzlar 1994.

Berzelius 1844 Berzelius, Jöns Jakob, Die Anwendung des Löthrohrs in der Chemie und Mineralogie, 4. Aufl., Nürnberg: Johann L. Schrag 1844.

Blanchard 2013 Blanchard, Guillaume, Chérubin d'Orléans und sein binokulares Mikroskop, in: Ernst-Abbe-Stiftung (Hrsg.), Schatzkammer der Optik – Die Sammlung des Optischen Museums Jena, Jena 2013, S. 127–144.

Burchard 1994 Burchard, Ulrich 1994, The Histoy and Apparatus of Blowpipe Analysis, in: The Mineralogical Record, Bd. 25, Juli/August, Tucson: Mineralogical Record, Inc. 1994, S. 251–277.

Burchard 1998 Burchard, Ulrich, History of the Development of the Crystallographic Goniometer, in: The Mineralogical Record, Bd. 29, November/Dezember, Tucson: Mineralogical Record, Inc. 1998, S. 517–583.

Burchard & Medenbach 2009 Burchard, Ulrich & Medenbach, Olaf, The Refractometer, in: The Mineralogical Record, Bd. 40, März/April, Tucson: Mineralogical Record, Inc. 2009, S. 135–159.

Cherubin d'Orleans 1677 Cherubin d'Orleans, La Vision Parfaite: ou Le Concours des Deux Axes de la Vision en un seul Point de l'objet, Paris: Sebastien Mabre-Cramoisy 1677.

Czapski 1893a Czapski, Siegfried, Ein neues Kristallgoniometer, in: Zeitschrift für Instrumentenkunde, Bd. 13, Berlin: Julius Springer 1893, S. 1-5.

Czapski 1893b Czapski, Siegfried, Ueber Goniometer mit zwei Kreisen, in: Zeitschrift für Instrumentenkunde, Bd. 13, Berlin: Julius Springer 1893, S. 242–244.

Damaschun 2018 Damaschun, Ferdinand, Vom unauflöslich gefrorenen Wasser zur Gittertheorie – Modelle und Modellvorstellungen in der frühen Geschichte der Kristallographie, in: Stiftung Schloss Friedenstein (Hrsg.), »Gotha vorbildlich!« Modellsammlungen um 1800, Gotha 2018, S. 101–119.

Damaschun et al. 2000 Damaschun, Ferdinand, Böhme, Gottfried & Landsberg, Hannelore, Naturkundliche Museen der Berliner Universität – Museum für Naturkunde: 190 Jahre Sammeln und Forschen, in: Bredekamp, Horst et al. (Hrsg.), Theatrum naturae et artis – Theater der Natur und der Kunst, Wunderkammern des Wissens, Berlin: Henschel 2000, S. 86–106.

Damaschun & Landsberg 2010 Damaschun, Ferdinand & Landsberg, Hannelore, »...so bleiben dem materiell Gesammelten und geographisch Geordneten fast allein ein langdauernder Werth«, in: Damaschun et al. (Hrsg.), Klasse, Ordnung, Art – 200 Jahre Museum für Naturkunde, Rangsdorf: Basilisken-Presse 2010, S. 13–23.

Damaschun & Schmitt 2019 Damaschun, Ferdinand & Schmitt, Ralf Thomas (Hrsg.), Alexander von Humboldt. Minerale und Gesteine im Museum für Naturkunde Berlin, Göttingen: Wallstein 2019.

Degen 1833 Degen, August Friedrich Ernst, Verbesserung am Refexionsgoniometer, in: Annalen der Physik und Chemie, Bd. 27, Leipzig: Johann Ambrosius Barth 1833, S. 687–688.

Ehrenberg 1832 Ehrenberg, Christian Gottfried, Ueber das neueste Mikroskop, von Pistor und Schieck in Berlin gefertigt im Januar1832, in: Annalen der Physik und Chemie. Bd. 24, Leipzig: Johann Ambrosius Barth 1832, S. 188–191.

Ehrenberg 1838 Ehrenberg, Gottfried, Die Infusionstierchen als vollkommene Organismen, Leipzig: Leopold Voss 1838.

Fjodorow 1893 Fjodorow, Jewgraf Stepanowitsch, Фёдоров, Е.С., Теодолитный метод в минералогии и петрографии = Nouvelle méthode pour l'étude goniométrique et optique des cristaux appliquée à la minéralogie et à la pétrographie, Sankt Petersburg: Eggers 1893.

Gloede 2013 Gloede, Wolfgang, Die Entwicklungsgeschichte des Mikroskops bis um 1900, in: Ernst-Abbe-Stiftung (Hrsg.), Schatzkammer der Optik – Die Sammlung des Optischen Museums Jena, Jena 2013, S. 97–126.

Goeze 1773 Goeze, Johann August Ephraim, Herrn Karl Bonnets Abhandlungen aus der Insektologie, Halle: Joh. Jac. Gebauer 1773.

Goldschmidt 1897 Goldschmidt, Victor Mordechai, Krystallographische Winkeltabellen, Berlin, Heidelberg: Springer 1897.

Goldschmidt 1913–1923 Goldschmidt, Victor Mordechai, Atlas der Krystallformen, 18 Bde., Heidelberg: Carl Winters 1913–1923.

Goldschmidt 1922 Goldschmidt, Victor Mordechai, Atlas der Krystallformen, Bd. 7, Tafel 123, Heidelberg: Carl Winters 1922.

Harris 1704 Harris, John, Lexicon Technicum or, an Universal English Dictionary of Arts and Sciences [...], London 1704.

Haüy 1804 Haüy, René-Just, Lehrbuch der Mineralogie, ausgearbeitet vom Bürger Haüy [...]. Aus dem Französischen übersetzt und mit Anmerkungen versehen von Dietrich Ludwig Gustav Karsten, Bd. 1, Paris, Leipzig: C. H. Reclam 1804.

Heering 2013 Heering, Peter, Projektoren des Mikrokosmos in der Aufklärung: Die Sonnenmikroskope im Optischen Museum Jena, in: Ernst-Abbe-Stiftung (Hrsg.), Schatzkammer der Optik – Die Sammlung des Optischen Museums Jena, Jena 2013, S. 145–158.

Hill 1770 Hill, John, The Construction of Timer, from its early growth; Explained by Microscope, and proven from Experiments, in a great Variety of Kinds, London: Selbstverlag 1770.

Hofmann 1785 Hofmann, Samuel Gottlieb, Verzeichniß der neuesten optischen Instrumente, so anjezt bey mir verfertigt werden, in: Litteratur und Völkerkunde, Ein periodisches Werk, Bd. 7, Dessau, Leipzig: G.J. Göschen, 1785, S.374–380.

Hooke 1665 Hooke, Robert, Micrographia Or Some Physiological Descriptions Of Minute Bodies Made By Magnifying Glasses. With Observations and Inquiries thereupon, London: Allestry 1665.

Hoppe 2003 Hoppe, Günter, Zur Geschichte der Geowissenschaften im Museum für Naturkunde zu Berlin, Teil 5: Vom Mineralogischen Museum im Hauptgebäude der Universität zu den zwei geowissenschaftlichen Institutionen im Museum für Naturkunde, 1856 bis 1910, in: Mitteilungen des Museums für Naturkunde Berlin, Geowissenschaftliche Reihe, Bd. 6, S. 3–51.

Hugershoff 1911 Hugershoff, Franz, Illustrierte Preisliste III über Biologische Apparate. Händlerkatalog, Leipzig: Selbstverlag 1911.

Illiger 1794 Illiger, Johann Karl Wilhelm, Beschreibung einiger neuen Käferarten aus der Sammlung des Herrn Professors Hellwig in Braunschweig, in: Neuestes Magazin für die Liebhaber der Entomologie, Stralsund: Struck 1794, S. 593–620.

Klaproth 1795–1815 Klaproth, Martin Heinrich, Beiträge zur chemischen Kenntnis der Mineralkörper, 6 Bde: Bd. 1: 1795; Bd. 2: 1797; Bd. 3: 1802; Bd. 4: 1807; Bd. 5: 1810, Bd. 1–5: Posen: Decker und Compagnie sowie Berlin: H.A. Rottmann; Bd. 6: 1815, Berlin, Stettin: Nicolai.

Klaproth 1797 Klaproth, Martin Heinrich, Beiträge zur chemischen Kenntnis der Mineralkörper, Bd. 2, Posen: Decker und Compagnie sowie Berlin: H. A. Rottmann 1797.

Kügelgen & Seeberger 1999 Kügelgen, Helga von & Seeberger, Max, Humboldt und Bonpland in Enders ›Urwaldatelier‹, in: Kunst und Ausstellungshalle der Bundesrepublik Deutschland (Hrsg.), Alexander von

Humboldt – Netzwerke des Wissens. Ausstellungs-katalog, Berlin 1999, Bonn 2000, S. 156–157.

Ledermüller 1761 Ledermüller, Martin Frobenius, Mikroskopische Gemüths- und Augen-Ergötzung: Bestehend, in Ein Hundert nach der Natur gezeichneten und mit Farben erleuchteten Kupfertafeln, Sammt deren Erklärung, Nürnberg: Christian de Launoy 1761.
Ledermüller 1762 Ledermüller, Martin Frobenius, Nachlese seiner Mikroskopischen Gemüths- und Augen-Ergötzung, Bestehend in zehen fein illuminir-ten Kupfertafeln, Sammt deren Erklärung: und Einer getreuen Anweisung, wie man alle Arten Mikroskope geschickt, leicht und nützlich gebrauchen solle, Nürnberg: Christian de Launoy 1762.
Leiss 1899 Leiss, Carl August, Die optischen Instrumente der Firma R. Fuess, deren Beschreibung, Justierung und Anwendung, Leipzig: Wilhelm Engelmann 1899.
Lommel 1890 Lommel, Eugen von, Abhandlung über das Licht. Worin die Ursachen der Vorgänge bei seiner Zurückwerfung und Brechung und Besonders bei der eigenthümlichen Brechung des isländischen Spathes dargelegt sind von Christian Huyghens von Zuilichen (1678), Leipzig: Engelmann 1890.

Lüthje 2012 Lüthje, Erich, Mikroskope aus Kiel mit Z – Adolf Zwickert (1849–1926), Kieler Optiker und Mechaniker, in: Mikrokosmos, Bd. 101, Amsterdam: Elsevier 2012, S. 73–76.

Malus 1817 Malus, Étienne Louis, Description et usage d'un Goniomètre répétiteur, in: Memoires de Physique et de Chimie de la Société d'Arcueil, Bd. 3, Paris: J. J. Bernard 1817, S. 122–129
Medenbach 2014 Medenbach, Olaf, Kristalle im rechten Licht – Historische Polarisationsmikroskope der Fa. R. Fuess in Berlin, in: Themenbuch zu den Münchener Mineralientagen (Messekatalog), 2014, S. 190–214.
Medenbach et al. 1995 Medenbach, Olaf, Mirwald, Peter W. & Kubath, Peter, Rho und Phi, Omega und Delta – Die Winkelmessung in der Mineralogie, in: Mineralien-Welt Nr. 5/95, Salzhemmendorf: Bodeverlag 1995, S. 16–25.
Medenbach et al. 1998 Medenbach, Olaf, Mirwald, Peter W. & Kubath, Peter, Kristalle und Licht – Drehmethoden in der Mineralogie, in: Mineralien-Welt Nr. 2/98, Salzhemmendorf: Bodeverlag 1999, S. 17–32.
Meyer-Schwickerath 1981 Meyer-Schwickerath, Gerd, Augenoperationen in mikroskopischen Dimensionen, in: Vorträge der Rheinisch-Westfälischen Akademie der Wissenschaften Nr. 298, Opladen: Westdeutscher Verlag GmbH 1981, S. 33–43.
Müllerott 1964 Müllerott, Martin, Johann August Ephraim Goeze, in: Neue Deutsche Biographie (NDB), hrsg. von der Historischen Kommission bei der Bayerischen Akademie der Wissenschaften, Bd. 6:

Gaál-Grasmann, Berlin: Duncker & Humblot 1964, S. 597.

Neumann 1823 Neumann, Franz Ernst, Beiträge zur Krystallonomie, Berlin, Posen: Ernst Siegfried Mittler 1823.

Osterloh 2004 Osterloh, Günter, 50 Jahre Leica, Königswinter: M. Heel 2004.

Penfield 1900 Penfield, Samuel Lewis, Contactgoniometer und Transporteur von Einfacher Construction, in: Zeitschrift für Krystallographie, Bd. 33, Berlin: de Gruyter 1900, S. 548–554.
Petri 1896 Petri, Richard Julius, Das Mikroskop, Berlin: Richard Schoetz 1896.
Plattner 1853 Plattner, Carl Friedrich, Die Probierkunst mit dem Löthrohre – Anleitung Mineralien, Erze, Hüttenprodukte und verschiedene Metallverbindungen mit Hülfe des Löthrohrs qualitativ auf ihre sämmtlichen Bestandtheile und quantitativ auf Silber, Gold, Kupfer, Blei, Wismuth, Zinn, Kobalt, Nickel und Eisen zu untersuchen. Dritte, grösstentheils umgearbeitete und verbessere Auflage, Leipzig: Barth 1853.

Rinne & Berek 1934 Rinne, Friedrich & Berek, Max, Anleitung zu optischen Untersuchungen mit dem Polarisationsmikroskop, Leipzig: Max Jänecke 1934.
Rose 1837 Rose, Gustav, Mineralogisch-geognostische Reise nach dem Ural, dem Altai und dem Kaspischen Meere, Erster Band: Reise nach dem nördlichen Ural und dem Altai, Berlin: Verlag der Sanderschen Buchhandlung 1837.
Rosenbusch 1873 Rosenbusch, Harry, Mikroskopische Physiographie der Mineralien und Gesteine, Stuttgart: Schweizerbart 1873.

Schmitt 2015 Schmitt, Hanno, Friedrich Eberhard von Rochows Mitgliedschaft in der Gesellschaft Naturforschender Freunde zu Berlin, in: Stöber, Rudolf et al. (Hrsg.), Aufklärung der Öffentlichkeit – Medien der Aufklärung, Stuttgart: Franz Steiner 2015, S. 193–216.
Schmitt 2019a Schmitt, Ralf Thomas, Geschichte der Mineralogischen Sammlung, in: Damaschun, Ferdinand & Schmitt, Ralph Thomas (Hrsg.), Alexander von Humboldt. Minerale und Gesteine im Museum für Naturkunde Berlin, Göttingen: Wallstein 2019, S. 20–33.
Schmitt 2019b Schmitt, Ralf Thomas, Hessit und Altait – Zwei neue Telluridminerale aus dem Altai, in: Damaschun, Ferdinand & Schmitt, Ralf Thomas (Hrsg), Alexander von Humboldt. Minerale und Gesteine im Museum für Naturkunde Berlin, Göttingen: Wallstein 2019, S. 318–321.
Seeberger 1999 Seeberger, Max, Die besten Instrumente meiner Zeit – Humboldts Liste seiner in Lateinamerika mitgeführten wissenschaftlichen Instrumente, in: Kunst und Ausstellungshalle der Bundesrepublik

Deutschland (Hrsg.), Alexander von Humboldt – Netzwerke des Wissens. Ausstellungskatalog, Berlin 1999, Bonn 2000, S. 58–61.
Stegmann 1786 Stegmann, Johann Gottlieb, Preisverzeichnis der physikalischen und mathematischen Instrumente des Hrn. Prof. Stegmanns zu Cassel, in: Journal von und für Deutschland, hrsg. von Siegmund Freyherr von Bibra, 3. Jg., 1. Stück, Fulda 1786, S. 72–75.
Steno 1967 Steno, Nicolaus, De solido intra solidum naturaliter contento dissertationis prodromus (1669), Deutsch: Das Feste im Festen: Vorläufer einer Abhandlung über Festes, das in der Natur in anderem Festen eingeschlossen ist, hrsg. von Gustav Scherz (in der Reihe Ostwalds Klassiker), Leipzig: Akademische Verlags-Gesellschaft Geest und Portig 1967.

Uhmann 1923/24 Uhmann, Erich, Der Prismenrotator nach Greenough, in: Mikrokosmos, Zeitschrift für angewandte Mikroskopie, Mikrobiologie, Mikrochemie und mikroskopische Technik, Bd. 17, Stuttgart: Franckh'sche Verlagshandlung 1923/24, S. 102–104.
Url 1961 Url, Walter Gustav, Makro- und Mikrophotographie in Vergangenheit und Gegenwart, in: Schriften des Vereins zur Verbreitung naturwissenschaftlicher Kenntnisse Wien, Nr. 101, Wien: Selbstverlag des Vereins, S. 43–84.

Vogel 1862 Vogel, Herrmann, Ueber ein einfaches Verfahren, mikroskopische Ansichten photographisch aufzunehmen, in: Annalen der Physik und Chemie, Bd. 27, Leipzig: Johann Ambrosius Barth, 1862, S. 629-632.

Zeiss 1891 Zeiss, Mikroskope und Mikroskopische Hilfsapparate, Firmenkatalog, Jena: Carl Zeiss optische Werkstätte 1891.
Zeiss 1931 Zeiss, Zeichenprisma und Zeichenapparate nach Abbe, Jena: Eigenverlag Carl Zeiss 1931.
Zeiss 1951 Zeiss, Mikroskope für Wissenschaft und Technik Firmenkatalog VEB Carl Zeiss Jena 1951.
Zirkel 1863 Zirkel, Ferdinand, Mikroskopische Gesteinsstudien, in: Sitzungsberichte der Kaiserlichen Akademie der Wissenschaften, Mathematisch-naturwissenschaftliche Classen, Bd. 47, Wien: K.K. Hof- und Staatsdruckerei 1863, S. 225–270.
Zwickert 1914 Zwickert, Adolf, Spezialliste über hydrobiologische (Plankton-Boden) und akustische Apparate, Kiel Firmenkatalog 1914.

Personenregister

Firmenregister

Präzisionsmechanik Freiberg VEB, s. Lingke, **S. 114**

Schanze: M. Schanze Leipzig, die Firma M. Schanze in Leipzig fertigte vor allem Schlittenmikrotome. Sie sind in großer Stückzahl weit verbreitet. **S. 74**
Schiek Berlin, 1837 verließ Friedrich Wilhelm Schiek die Werkstatt von Philipp Heinrich Pistor und gründete eine eigene Werkstatt. Schiek galt als einer der besten Mikroskophersteller seiner Zeit. **S. 136**
Schott: Jenaer Glaswerk Schott & Gen., 1884 gründete Otto Schott zusammen mit Ernst Abbe und Roderich Zeiss ein Glastechnisches Laboratorium, das spätere Jenaer Glaswerk Schott & Genossen für die Herstellung optischer Spezialgläser. Die Carl-Zeiss-Stiftung ist bis heute alleiniger Eigentümer der heutigen Schott AG in Mainz. **S. 42**
Schwalm: Dr. A. Schwalm München, die in der Münchener Sonnenstraße 10 existierende Firma von Dr. A. Schwalm handelte mit Mikroskopen und Laboratoriumsbedarf. Außerdem war sie die Generalvertretung der Firma Ernst Leitz Wetzlar für Mikroskope und deren Nebenapparate. Es existieren Kataloge der Firma von 1909 und 1925. **S. 76**
Seibert: W. & H. Seibert Wetzlar, das Unternehmen wurde 1867 von den Brüdern Wilhelm Seibert und Heinrich Seibert in Wetzlar gegründet und war auf den Bau von Mikroskopen spezialisiert. Wirtschaftliche Schwierigkeiten führten 1917 zu einer Mehrheitsbeteiligung von Leitz an der Firma. Später wurde der Betrieb gänzlich in den Produktionsablauf der Leitz Werke eingegliedert. **S. 10, 46, 68**
Stegmann Cassellis (Kassel), Johann Gottlieb Stegmann wurde 1754 nach Kassel an das Collegium Carolinum als Professor für die Fächer Philosophie, Physik und Mathematik berufen. Er entfaltete eine rege praktisch-experimentelle Tätigkeit in dafür eigens eingerichteten Werkstätten. Dies führte zu zahlreichen Erfindungen und zur Verbesserung technischer, physikalischer und mathematischer Gerätschaften und Instrumente, mit denen er regen Handel trieb. **S. 20**
Steward: J. H. Steward Limited London, James Henry Steward gründete 1852 die Firma in London. Sie produzierte vor allem optische Geräte für das Militär. Die Firma war bis zu Ihrer Auflösung 1975 in Familienbesitz. **S. 90**
Stoe Heidelberg, die Firma wurde 1887 von Peter Stoe in Heidelberg gegründet. Sie war auf die Produktion von Goniometern spezialisiert und arbeitete eng mit Victor Mordechai Goldschmidt zusammen. 1966 wurde der Hauptsitz der Firma nach Darmstadt verlegt. Heute ist sie einer der führenden Hersteller von Röntgendiffraktometern und -goniometern. **S. 112**

Westien Rostock, auf Anregung von Franz Eilhard Schulze konstruierte der Rostocker Hof- und Universitätsmechaniker Heinrich Westien eine Stereolupe. In der Augenheilkunde ist sie als Zehender-Westiensche binokulare Lupe bekannt geworden. **S. 64**.

Wild-Leitz, s. Leitz, **S. 26**
Will: Wilhelm Will KG Wetzlar, Wilhelm Will gründete 1923 einen Optikbetrieb in Wetzlar. Ende der 1970er Jahre wurde der Betrieb von Leitz übernommen. Heute gehört sie zur Helmut Hund GmbH. **S. 46**
Winkel: R. Winkel Göttingen, 1857 gründete Rudolf Winkel in Göttingen einen feinmechanischen Betrieb. Ab Mitte der 1960er Jahre stellte er Mikroskope her. 1911 trat die Firma Carl Zeiss als Hauptgesellschafter ein und die Firma Winkel wurde in eine GmbH umgewandelt. 1957 ging die R. Winkel GmbH in der Carl-Zeiss-Stiftung auf. **S. 30**
Winkel-Zeiss Göttingen, s. R. Winkel Göttingen, **S. 30**

Zeiss Ikon AG Dresden, die AG entstand 1926 durch Zusammenschluss der Heinrich Ernemann AG, der ICA AG, der Optischen Anstalt C.P. Goerz AG Berlin und der Contessa-Nettel AG Stuttgart und war der größte Kamerahersteller Europas. Mit Carl Zeiss Jena wurden Verträge über die hauptsächliche Ausrüstung der eigenen Kameras mit Carl-Zeiss-Objektiven geschlossen. 1953 erfolgte die Umbenennung in VEB Zeiss Ikon Dresden und eine Eingliederung in den neu gebildeten VEB Kamera- und Kinowerke 1959. Der westdeutsche Teil der Firma gab 1972 die Kameraproduktion auf und konzentrierte sich auf qualitativ hochwertige mechanische und mechatronische Schließzylinder, Zusatzschlösser und -sicherungen sowie Türbeschläge. **S. 128, 132**
Zeiss: Carl Zeiss Jena, Carl Zeiss eröffnete 1846 eine feinmechanisch-optische Werkstatt in Jena. Ab 1866 arbeitete Zeiss mit dem Physiker Ernst Abbe zusammen. Ernst Abbe, Otto Schott und Roderich Zeiss gründeten gemeinsam 1884 das Jenaer Glaswerk Schott und Genossen. 1889 wurde die Carl-Zeiss-Stiftung errichtet, die bis heute Alleineigentümer der Zeiss- und der Schottwerke ist. Nach dem Zweiten Weltkrieg kam es zu Trennung in ein Ost- und ein Westunternehmen. Nach der Wende wurden die Carl Zeiss Jena GmbH und die Jenaer Glaswerk GmbH zu Töchtern des westdeutschen Konzerns. Heute besteht Zeiss aus zahlreichen Tochterunternehmen. **10, 11, 28, 30, 32, 48, 52, 66, 68, 70, 88, 112, 122, 124, 128, 136, 138**
Zeiss: Carl Zeiss Jena VEB, Name des Zeisswerkes in der DDR. **S. 48**
Zeiss: Carl Zeiss Sports Optics, s. Hensoldt, **S. 46**
Zeiss: Carl-Zeiss-Stiftung, s. Zeiss, **S. 30, 42**
Zeiss: Opton Optische Werke Oberkochen GmbH, Zwischen 1946 und 1947 hieß das Zeisswerk in Oberkochen Opton Optische Werke Oberkochen GmbH. **S. 46**
Zeiss-Opton Optische Werke Oberkochen GmbH, 1947 kurzeitiger Name für das Westdeutsche Zeisswerk. **S.46**
Zimmermann: E. Zimmermann Leipzig, die Werkstatt von Ernst Zimmermann arbeitete vorrangig für den experimentellen Physiologen Wilhelm Maximilian Wundt.

1937 feierte die Firma ihr 50-jähriges Jubiläum. Die Firma bot auch Mikrotome an und hatte später Produktionsstätten in Leipzig und Berlin. In der DDR ist die Firma im VEB Medizintechnik Leipzig aufgegangen. **S. 74**
Zwickert: Ad. Zwickert, Fabrik wissenschaftlicher Apparate, Kiel, 1881 gründete Adolf Eduard Zwickert seine Fabrik wissenschaftlicher Apparate in Kiel. Ab 1886 firmierte die Firma in der Dänischen Straße 25. Die Firma war bekannt für ihre Planktonnetze und ihre Zählmikroskope. Sie war bis 1967 in Familienbesitz. **S. 50, 52**

Bildnachweis

Danksagung

Neben den im Vorwort Genannten danke ich in allererster Linie der Fotografin Hwa Ja Götz, dem Lektor Ulrich Moritz und dem Gestalter Thomas Schmid-Dankward für die sehr angenehme und produktive Zusammenarbeit. Für die Koordination mit der Verwaltung des Museums und dem Verlag danke ich Frau Anita Hermannstädter.

Für Informationen über die Gesellschaft Naturforschender Freunde zu Berlin danke ich Frau Dr. Sabine Hackethal. Herrn Dr. Ralf Thomas Schmitt bin ich für Hinweise auf »verborgene« Lager mit historischen Instrumenten aus der Mineralogie dankbar und Frau Carola Radke für die freundliche Überlassung des Fotolabors des Museums für Fotos, die die Aufnahmen von Frau Hwa Ja Götz ergänzen.

Mehrere Einrichtungen und Privatpersonen haben mir gestattet, Bilder zu nutzen und zur Verfügung gestellt. Bei allen Anfragen bin ich stets auf sehr freundliches Entgegenkommen gestoßen. Im Einzelnen danke ich: Frau Ester Chen und Frau Urte Brauckmann vom Max-Planck-Institut für Wissenschaftsgeschichte, Frau Dr. Dagmar Drüll-Zimmermann und Herr Gabriel Meyer vom Bildarchiv im Universitätsarchiv Heidelberg, Herrn Dr. Ulrich Päßler vom Akademievorhaben »Alexander von Humboldt auf Reisen — Wissenschaft aus der Bewegung« sowie Kristin Mahlow und Herrn Dr. Jürgen Deckert vom Museum für Naturkunde Berlin. Meiner Frau, Dr. Heide Damaschun, danke ich für ihr stetes Interesse an meiner Arbeit und für kritische Bemerkungen zu meinen Texten.